普通高等教育"十二五"规划教材

PHP 网站开发

主　编　吴清秀
副主编　陈艺卓　白　蕾
参　编　欧　军　吴礼毕

机械工业出版社

本书由浅入深、全面、系统地介绍了 PHP 网站开发技术，主要内容包括 PHP 环境搭建、PHP 基础知识、投票系统的设计与实现、内容管理系统的设计与实现、企业网站系统的设计与实现。

本书一改过去计算机编程书籍枯燥、乏味的文字讲解方式，结合 PHP 网站开发的典型案例进行说明，生动、形象地再现了开发 PHP 网站所需的基础知识和技术，使读者能够轻松地掌握 PHP 的应用。

本书可以作为普通高等院校应用型本科及高职高专计算机专业的教材，也可以作为网站开发技术人员或爱好者的参考书。

为方便教学，本书配备电子课件等教学资源。凡选用本书作为教材的教师均可登录机械工业出版社教材服务网 www.cmpedu.com 免费下载。如有问题请致信 cmpgaozhi@sina.com，或致电 010-88379375 联系营销人员。

图书在版编目（CIP）数据

PHP 网站开发/吴清秀主编. —北京：机械工业出版社，2014.1（2017.6 重印）
普通高等教育"十二五"规划教材
ISBN 978-7-111-46746-5

Ⅰ. ①P… Ⅱ. ①吴… Ⅲ. ①PHP 语言—程序设计—高等学校—教材 Ⅳ. ①TP312

中国版本图书馆 CIP 数据核字（2014）第 100891 号

机械工业出版社（北京市百万庄大街 22 号　邮政编码 100037）
策划编辑：刘子峰　责任编辑：刘子峰　陈瑞文　陈崇昱
封面设计：陈　沛　责任校对：张　力
责任印制：刘　岚
北京宝昌彩色印刷有限公司印刷
2017 年 6 月第 1 版第 3 次印刷
184mm×260mm·13.5 印张·324 千字
3901—5800 册
标准书号：ISBN 978-7-111-46746-5
定价：35.00 元

凡购本书，如有缺页、倒页、脱页，由本社发行部调换

电话服务	网络服务
服务咨询热线：010-88379833	机 工 官 网：www.cmpbook.com
读者购书热线：010-88379649	机 工 官 博：weibo.com/cmp1952
	教育服务网：www.cmpedu.com
封面无防伪标均为盗版	金 书 网：www.golden-book.com

前 言

PHP 是一种主流的网站开发技术，由于其具有高效率、免费等诸多优点，所以被广泛应用于现有的网站中。PHP 不仅适合开发各类的小型网站，也可以开发论坛、商城等中型网站，还可以开发新闻主站、搜索引擎等超大型网站。到目前为止，全世界使用 PHP 技术的网站有几千万个。随着网络应用的普及，使用 PHP 技术构建的网站还将飞速增加。

本书结合了大量的插图，全面、形象、系统、深入地介绍了 PHP 的核心知识，并将大量精练的实例贯穿在全书的讲解之中。书中包含的每一个内容皆为当今 Web 项目开发必用的内容，涵盖了 PHP 的绝大多数知识点，对于某一方面的介绍再从多角度进行延伸。本书全部的技术点均以 PHP 流行的版本为依托，可以帮助读者在较短的时间内熟悉并掌握实用的 PHP 技术。本书所涉及的实例全部是以特定的应用为基础，读者在学习和工作的过程中，可以直接应用本书给出的独立模块和编程思想。

本书内容包括 PHP 环境搭建、PHP 基础知识、投票系统的设计与实现、内容管理系统的设计与实现、企业网站系统的设计与实现。其中，PHP 基础知识包括 PHP 开发环境的搭建、HTML 基础知识、PHP 基础语法、数据处理等。PHP 操作数据库是目前比较流行的数据库管理系统 MySQL，因此本书着重介绍了 MySQL 数据库的基础应用。通过对投票系统、内容管理系统、企业网站系统的设计与实现的讲解，按系统的需求分析、数据库设计、系统实现等步骤对系统进行设计与开发，真正手把手地带读者领略如何进行 PHP 系统的开发，并在最短的时间内达到实战的目的。

书中所有案例程序均上机调试通过，可以作为实际的应用参考。通过阅读本书，结合实验和相关的综合应用练习，读者就能在较短的时间内基本掌握 PHP 及其应用技术。

本书特色如下：

1) 大量教学实例，读书学习不再枯燥乏味。将传统的文字讲解转换为各种形式的实例，最大限度地提升读者的阅读兴趣，让读者在潜移默化中掌握 PHP 语言的开发精髓。

2) 从 PHP 语言的基础开始讲解，逐步深入到应用实例的开发，内容梯度从易到难，讲解由浅入深，循序渐进，适合各个层次的读者阅读。

3) 贯穿大量的开发实例和技巧，迅速提升开发水平。在讲解知识点时贯穿了典型实例，并给出了大量的开发技巧及相关的技术讲解，以便让读者可以更好地理解各种概念和开发技术，体验实际编程，迅速提高开发水平。

本书由吴清秀（编写第 1、2、5 章）担任主编，陈艺卓（编写第 4 章）、白蕾（编写第 3 章）担任副主编，参加编写的还有欧军（编写附录 A）、吴礼毕（编写附录 B）。

由于作者水平有限，书中疏漏之处在所难免，敬请广大读者批评指正。

编　者

目 录

前言

第1章 PHP 环境搭建 ... 1
1.1 搭建 PHP 环境 ... 1
1.1.1 AppServ——PHP 集成化安装包 ... 1
1.1.2 WAMP——PHP 集成化安装包 ... 2
1.1.3 LAMP——Linux 系统下的 PHP 集成 ... 4
1.2 PHP 开发环境的关键配置信息 ... 8
1.2.1 Apache 服务器的基本配置 ... 8
1.2.2 php.ini 文件的基本配置 ... 9
1.3 小结 ... 9

第2章 PHP 基础知识 ... 10
2.1 Web 客户端工作原理 ... 10
2.1.1 浏览器工作原理 ... 10
2.1.2 HTML 工作原理 ... 10
2.1.3 JavaScript 工作原理 ... 14
2.1.4 Web 客户端基本技术 ... 16
2.2 PHP 基本语法 ... 18
2.2.1 PHP 简介 ... 18
2.2.2 PHP 嵌入语法 ... 19
2.2.3 引用档案语法 ... 19
2.2.4 程序批注 ... 20
2.2.5 PHP 系统常数 ... 20
2.2.6 PHP 自定义常数 ... 21
2.2.7 数据类型与变量 ... 21
2.2.8 访问客户端变量的方法 ... 29
2.2.9 PHP 变量的作用域 ... 29
2.2.10 超全局变量数组 ... 30
2.2.11 运算符 ... 30
2.2.12 函数 ... 31
2.3 MySQL 数据库 ... 32
2.3.1 创建数据库与表 ... 32
2.3.2 MySQL 数据类型 ... 33
2.3.3 数据库表的插入 ... 34
2.3.4 SELECT 语句 ... 35
2.3.5 WHERE 子句 ... 35
2.3.6 ORDER BY 关键词 ... 35
2.3.7 UPDATE 语句 ... 36

2.3.8　删除数据库中的数据 36
　　2.3.9　数据库的 ODBC 36
2.4　小结 36

第 3 章　投票系统的设计与实现 37
3.1　需求分析 37
　　3.1.1　需求概述 37
　　3.1.2　功能需求 37
　　3.1.3　系统模块划分 37
　　3.1.4　系统流程图 37
3.2　系统数据库的设计与实现 38
　　3.2.1　数据库的逻辑设计 38
　　3.2.2　数据库操作脚本 39
3.3　系统实现 40
　　3.3.1　文件组织结构 40
　　3.3.2　数据库连接程序 40
　　3.3.3　管理员管理模块的实现 41
　　3.3.4　用户模块的实现 53
3.4　系统测试 61
3.5　相关技能知识点 62
　　3.5.1　数组 62
　　3.5.2　文件间的相互引用 64
　　3.5.3　函数 64
　　3.5.4　PHP 的数据采集 67
　　3.5.5　会话控制 68
　　3.5.6　PHP 动态图像处理 73
3.6　小结 75

第 4 章　内容管理系统的设计与实现 76
4.1　需求分析 76
　　4.1.1　需求概述 76
　　4.1.2　功能需求 76
　　4.1.3　系统模块划分 77
4.2　系统数据库的设计与实现 77
　　4.2.1　数据库的逻辑设计 77
　　4.2.2　数据库操作脚本 78
4.3　系统实现 79
　　4.3.1　公共模块 79
　　4.3.2　内容管理模块 89
　　4.3.3　栏目管理模块 94
　　4.3.4　列表展示模块 99
4.4　系统测试 104
　　4.4.1　前台 104

4.4.2　后台 105
　4.5　相关技能知识点 107
　　4.5.1　面向对象基础 107
　　4.5.2　Smarty 模板 109
　　4.5.3　AJAX 基础 113
　　4.5.4　生成静态技术 116
　4.6　小结 121

第 5 章　企业网站系统的设计与实现 122
　5.1　需求分析 122
　　5.1.1　需求概述 122
　　5.1.2　功能需求 123
　　5.1.3　系统模块划分 123
　5.2　系统数据库的设计与实现 125
　　5.2.1　数据库的需求分析 125
　　5.2.2　数据库的逻辑设计 125
　5.3　系统实现 127
　　5.3.1　实现效果 127
　　5.3.2　系统配置文件 config.php 130
　　5.3.3　通用文件 comment.php 131
　5.4　Smarty 模板实现 136
　　5.4.1　登录注册模块 136
　　5.4.2　产品展示 139
　　5.4.3　信息反馈 144
　　5.4.4　企业新闻 145
　　5.4.5　管理模块的实现 147
　5.5　系统测试 164
　　5.5.1　开发及运行环境 164
　　5.5.2　系统测试环境及注意事项 165
　5.6　相关技能知识点 165
　　5.6.1　Smarty 模板设计 165
　　5.6.2　Smarty 程序设计 171
　5.7　小结 174

附录 175
　附录 A　PHP 实验 175
　　实验 1　PHP 基础 1 175
　　实验 2　PHP 基础 2 177
　　实验 3　PHP 数据处理 181
　　实验 4　PHP 和 Web 交互 188
　　实验 5　PHP 和数据库 194
　　实验 6　PHP 和 AJAX 技术 198
　附录 B　常见 PHP 考题 201

参考文献 207

第 1 章 PHP 环境搭建

PHP 是一种服务器端的嵌入式脚本语言，是一种跨平台、面向对象、HTML 嵌入式的脚本语言。本章以 Windows 下的两个典型的 PHP 集成环境搭建及以 Ubuntu Linux 环境下的搭建为例，快速学习 PHP 环境的搭建方法。

1.1 搭建 PHP 环境

1.1.1 AppServ——PHP 集成化安装包

AppServ 是一个服务器组件，将 Apache、PHP、MySQL 和 phpMyAdmin 等服务器软件和工具安装配置完成后打包处理。开发人员只要到网站上下载该软件后安装，即可完成 PHP 开发环境的快速搭建，非常适合初学者使用。在使用 AppServ 搭建 PHP 开发环境时，必须确保在系统中没有安装 Apache、PHP 和 MySQL。具体操作步骤如下：

1）双击 wamp5_1.7.4.exe 文件，打开 AppServ 启动页面，如图 1-1 所示。

2）单击"Next"按钮，选择"同意"AppServ 安装协议。

3）下一步进入到图 1-2 所示的页面。设置 AppServ 的安装路径（默认安装路径一般为 D:\AppServ），AppServ 安装完成后，Apache、MySQL、PHP 都将以子目录的形式存储到该目录下。

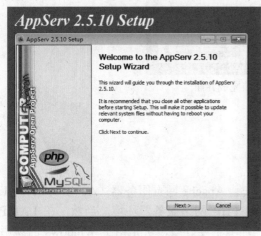

图 1-1 AppServ 启动页面

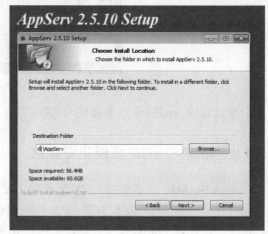

图 1-2 AppServ 安装路径选择

4）单击"Next"按钮，选择要安装的程序和组件（默认为全选）。

5）单击"Next"按钮，在打开的页面中，填写计算机名称，添加邮箱地址，设置 Apache 的端口号（默认为 80 端口），如图 1-3 所示。

6）单击"Next"按钮，设置 MySQL 数据库 root 用户的登录密码和字符集，如图 1-4 所示。

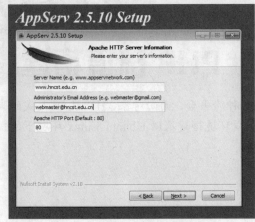

图 1-3 Apache 端口号设置

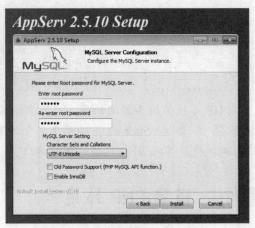

图 1-4 MySQL 设置

7）安装完成后，可以在开始菜单的AppServ相关操作列表中启动Apache及MySQL服务，如图1-5所示。

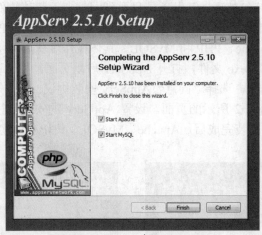

图 1-5 AppServ 安装完成界面

至此完成 AppServ 服务器的安装配置。

1.1.2 WAMP——PHP 集成化安装包

所谓 WAMP，是指在 Windows 系统（W）下安装 Apache 网页服务器（A）以及 MySQL 数据库（M）和 PHP 脚本引擎（P）而搭建起来的 PHP 网络服务器环境。当然，在 LAMP 环境下（L 代表 Linux 系统）肯定是比在 WAMP 环境下要好些，可是由于 Windows 的易用性，所以，在做前期开发或者测试某些 CMS 的时候，使用 WAMP 环境会更方便实用一些。WAMP 是由这些单个软件共同组成的一个强大的 Web 应用程序平台。具体操作步骤如下：

1）运行安装，如图 1-6 所示。

2）选择 WAMP5 的安装路径，也可以使用默认路径，如图 1-7 所示。

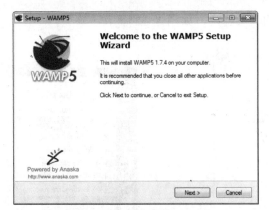

图 1-6　运行安装 WAMP5　　　　　　图 1-7　选择 WAMP5 的安装路径

3）设置 SMP 服务器地址，可以选择默认地址，如图 1-8 所示。

4）设置 PHP 邮件服务器默认的 Email，如图 1-9 所示。

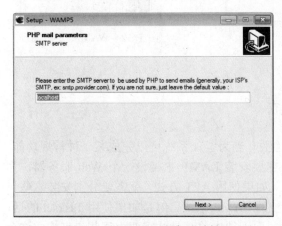
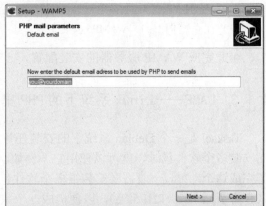

图 1-8　设置 SMP 服务器地址　　　　　图 1-9　设置 PHP 邮件服务器默认的 Email

5）设置默认启动的浏览器选项，如图 1-10 所示。

图 1-10　默认启动的浏览器选项

6）WAMP5 安装完毕，如图 1-11 所示。

7) WAMP5 启动后会出现在桌面右下角的任务栏内，如图 1-12 所示。

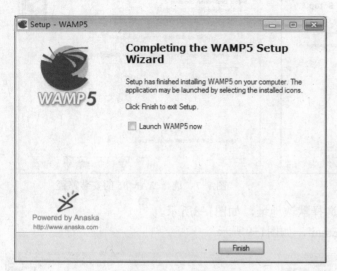

图 1-11　WAMP5 安装完毕

图 1-12　WAMP5 运行图标

至此完成 WAMP 服务器的安装配置。

1.1.3　LAMP——Linux 系统下的 PHP 集成

Tasksel 是一个 Debian 系统下的安装任务套件，当为了让系统可以完成某一种常规功能，而安装多个软件包时，就可以使用它。例如，需要安装 LAMP 来架设一个 Web 服务器，为了完成这个功能，一般需要安装很多个软件包。如果使用 APT 方式，就需要分别安装这些包（包含 Apache2、PHP5 等），以便构成一个完整的 LAMP 系统。但是如果使用 Tasksel 的话，就可以用它方便地安装一个完整的 LAMP 套件，而无须去关心具体需要由哪些包来构成这个统一的套件。

（1）安装配置Tasksel

执行以下命令：

sudo apt-get install tasksel

（2）使用Tasksel安装LAMP套件

执行以下命令：

sudo tasksel install lamp-server

或直接运行 Tasksel，执行以下命令：

sudo tasksel

在出现的窗口里有很多服务器选项可以选择，如果选择 LAMP，那么在安装过程中 MySQL 要求设定账户有密码，这是与操作系统没关系的账户与密码，如图 1-13 所示。

Ubuntu 系统提供了"新立得软件包管理器"工具，对于初学者来说可以不用通过输入命令来进行软件安装。在系统菜单上依次选择"系统"->"系统管理"，在"系统管理"中找到"新立得软件包管理器"一项。在"新立得软件包管理器"中，选择"编辑"->"使用任务分组标记软件包"命令，在打开的窗口中勾选"LAMP server"项，然后确定，如图 1-14 所示。

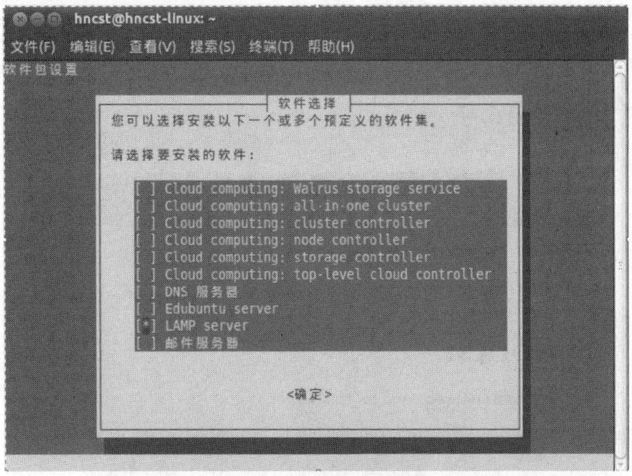

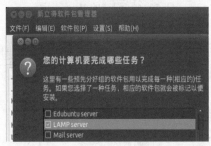

图 1-13　软件选择

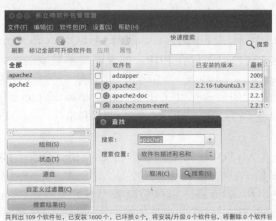

图 1-14　选择软件包

（3）安装 Apache

如果需要单独安装 Apache（Tasksel 套件已经包含 Apache），主要有两种方法：勾选软件包方式和命令方式。利用"新立得软件包"安装方式，同样先打开"新立得软件包管理器"窗口，通过搜索"Apache2"来查找对应的软件安装包，如图 1-15 所示。

图 1-15　查找 Apache2 包

利用命令安装 Apache，具体的安装命令如下：

sudo apt-get install apache2

然后运行 Apache，命令如下：

sudo /etc/init.d/apache2 restart

Apache 在安装期间将会新建一个目录"/var/www",该目录是在该服务器中存放文档的根目录。只要在浏览器的地址栏中输入"http://localhost/"或机器的 IP 地址就能访问存放在此目录中的所有文档,如图 1-16 所示。

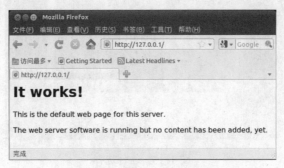

图 1-16 测试的 Web 页面

（4）配置 Apache

在终端下使用 gedit 编辑器打开 apache2.conf 配置文件,使用以下命令：

sudo gedit /etc/apache2/apache2.conf
- 添加文件类型支持。

AddType application/x-httpd-php .php .htm .html
- 默认字符集。

AddDefaultCharset UTF-8
- 服务器地址。

ServerName 127.0.0.1
- 添加首页文件。

<IfModule dir_module>
DirectoryIndwx index.htm index.html index.php
</IfModule>

（5）安装配置 PHP

PHP 是一种流行的服务器端脚本语言,一般与 MySQL 或 Postgres 结合起来管理 Web 内容、blog 和论坛。Tasksel 套件已经包含 PHP,如果需要单独安装,可执行以下命令：

sudo apt-get install libapache2-mod-php5

配置 PHP 字符编码,使用命令打开文件/etc/php5/apache2/php.ini

修改 default_charset 选项为"default_charset = "UTF-8""。

（6）MySQL 安装

Tasksel 套件已经包含 MySQL,如果需要单独安装 MySQL,可以在终端运行如下命令：

sudo apt-get install mysql-server mysql-client

一旦安装完成,MySQL 服务器应该自动启动。用户可以在终端提示符后运行以下命令来检查 MySQL 服务器是否正在运行：

sudo netstat -tap|grep mysql

有可能得到的返回结果如下：

tcp 0 0 localhost.localdo:mysql *:* LISTEN 858/mysqld

如果服务器不能正常运行,用户可以通过下列命令启动它：

sudo /etc/init.d/mysql restart

另外，也可以利用"新立得软件包管理器"安装 MySQL，需要安装 mysql-client 和 mysql-server 两个软件包。默认的 MySQL 安装完成之后，用户是没有密码的，所以在这里可以输入一个初始密码。

（7）安装phpMyAdmin

phpMyAdmin 是一个以 PHP 为基础，以 Web-Base 方式架构在网站主机上的 MySQL 的资料库管理工具。它可以管理整个 MySQL 服务器（需要超级用户），也可以管理单个数据库。Tasksel 套件不包含 phpMyAdmin。

1）在 Ubuntu 终端中运行如下命令进行安装：

sudo apt-get install phpmyadmin

2）在安装过程中提示指定 Web 服务，如图 1-17 所示。

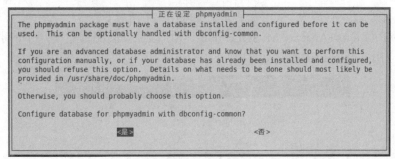

图 1-17　指定 Web 服务

3）配置数据库选项，如图 1-18 所示。

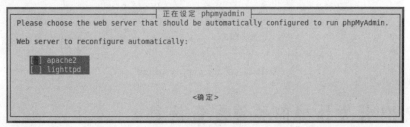

图 1-18　配置数据库选项

4）设定数据库密码，如图 1-19 所示。

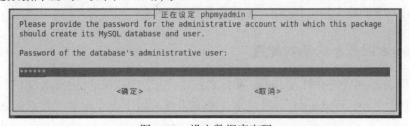

图 1-19　设定数据库密码

（8）重启Apache服务

运行以下命令重启 Apache 服务：

sudo /etc/init.d/apache2 restart

（9）登录phpMyAdmin

在浏览器的地址栏中输入地址"http://ip/phpmyadmin/"（ip 为本机器的 IP 地址或 127.0.0.1），访问管理，如图 1-20 所示。

图 1-20　登录 phpMyAdmin

使用 root 账户登录管理 MySQL 数据库，如图 1-21 所示。

至此 LAMP（Linux+Apache+MySQL+PHP）环境已经安装配置完毕，用户可以在 Ubuntu Linux 系统上应用并开发 PHP 程序了。

图 1-21　管理 phpMyAdmin

1.2　PHP 开发环境的关键配置信息

前面介绍了 PHP 开发环境的配置方法，除了安装步骤本身之外，PHP 与服务器的配置也是十分重要的。下面将主要介绍 Apache 服务器和 PHP 文件的配置。

1.2.1　Apache 服务器的基本配置

Apache 服务器的设置文件在 Linux 操作系统中位于"/usr/local/apache/conf"（在 Windows 操作系统中位于"\etc\httpd\conf"）目录下，基本上使用以下 3 个配置文件来配置 Apache 服务器的行为。

- access.conf：用于配置服务器的访问权限，对不同的用户和计算机进行访问限制。
- httpd.conf：用于设置服务器启动的基本环境。
- srm.conf：主要用于做文件资源上的设定。

```
ServerName localhost:80
DocumentRoot "/xampp/htdocs"
LoadModule rewrite_module modules/mod_rewrite.so
```

1.2.2　php.ini 文件的基本配置

php.ini 文件是 PHP 在启动时自动读取的配置文件。php.ini 是一个 ASCLL 文本文件，分为多个部分，每一部分包括相关的参数。每一部分的名称位于最前面的方括号内，每一名称都独占一行。规则的 PHP 代码，对参数名称非常敏感，不能包含空格，但是参数可以是数字、字符串或者布尔逻辑数。分号位于每一行的开始，作为指定标记，这就使选择使用或者不使用 PHP 的这些特性变得很方便，无需通过删除该行来实现。对某特性进行注释（即添加分号），则该行将不会被编译执行。每次修改完 php.ini 文件，必须重新启动 Apache 服务器，以使新的设置生效。

php.ini 是 PHP 的配置文件，用于加载各种函数库、设置错误级别和设置服务器的时间等。在 Linux 操作系统中，php.ini 存储于 "/opt/lampp/etc" 文件夹下，而在 Windwos 操作系统中 php.ini 存储于系统盘的 Windows 文件夹下。php.ini 文件的基本配置如表 1-1 所示。

表 1-1　php.ini 文件的基本配置

参　数	说　　明	默　认　值
error_reporting	设置错误处理的级别。推荐值为 E_ALL & ~E_NOTICE & ~E_STRICT，显示所有错误信息，除了提醒和编码标准化警告	E_ALL & ~E_NOTICE & ~E_STRICT
register_globals	通常情况下可以将此变量设置为 off，这样可以对通过表单进行的脚本攻击提供更为安全的防范措施	register_globals = On
include_path	设置 PHP 的搜索路径，这一参数可以接收系列的目录。当 PHP 遇到没有路径的文件提示时，它将会自动检测这些目录。需要注意的是，当某些选项允许多个值时，应使用系统列表分隔符，在 Windows 下使用分号 "；"，在 Linux 下使用冒号 "："	; UNIX: "/path1:/path2" ;include_path = "./php/includes" ; Windows: "\path1;\path2" ;include_path = ".;c:\php\includes"
extension_dir	指定 PHP 的动态连接扩展库的目录	"\ext" 目录下
extension	指定 PHP 启动时所加载的动态连接扩展库	PHP 的常用扩展库在初次安装配置后均被注释，需读者手动更改
file_uploads	设置是否允许通过 HTTP 上传文件	file_uploads=On
upload_tmp_dir	设置通过 HTTP 上传文件时的临时目录，如果为空，则使用系统的临时目录	upload_tmp_dir =空
upload_max_filesize	设置允许上传文件的大小，如 "50M"，必须填写单位	upload_max_filesize=2M
post_max_size	控制在采用 POST 方法进行一次表单提交中 PHP 所能接收的最大容量。若要上传更大的文件，则该值必须大于 upload_max_filesize 的值。如 upload_max_filesize=10M，那么 upload_max_filesize 的值必须要大于 10M	post_max_size = 8M
max_input_time	以秒为单位对通过 POST、GET 以及 PUT 方式接收的数据时间进行限制	max_input_time = 60

1.3　小结

本章介绍了 PHP 开发环境的安装与配置。通常要进行 PHP 的开发需要安装一个 PHP 的开发调试环境，因为 PHP 的开发工具种类比较多，所以这里就不再进行介绍，但是只要掌握好一种开发工具，就会取得事半功倍的效果，使用哪种开发工具可以根据需要进行选择。

第 2 章 PHP 基础知识

PHP 是一种易于使用的服务器端脚本语言，只需有很少的编程知识就能使用 PHP 建立一个真正具有交互功能的 Web 站点。对于初学者而言，需要花一些功夫去掌握 PHP 的编程基础。本章以最简单易学的方法介绍一些 PHP 的基本语法，包括变量、常量、运算符、控制语句以及数组等，通过学习这些基础知识可以快速奠定 PHP 编程基础。

2.1 Web 客户端工作原理

2.1.1 浏览器工作原理

1．Web 客户端工作原理

Web 客户端即浏览器（Browser）端。任何应用系统都必须有一个供用户操作的界面，即用户界面。浏览器的工作，从整个 B/S 程序来看，是用户与其打交道的一个界面（接口），即人机界面（接口）、用户界面，它的任务是：
- 收集用户输入的数据（如用户数据：http://www.hncst.edu.cn/index.php）。
- 将用户数据发送到服务器（向服务器请求该用户对服务器的请求）。
- 接收服务器返回的响应（用浏览器能认识和执行的代码，即客户端代码表示，如 HTML 代码、JavaScript 代码等）。
- 解释并执行这些代码，将结果显示在浏览器窗口中。

可见，浏览器扮演的是（多数情况下是远程的）服务器在用户那里的一个代理（Agent）。这个代理，具有收集消息、请求响应和解释其领导（服务器）发回的指示的作用。

2．Web 客户端代码

无论是组织用于收集用户数据的界面，还是解释来自服务器的指示形成的结果界面，都是用 Web 客户端代码表示的。常用的 Web 客户端代码是使用 HTML 语言或 JavaScript 语言编写的，分别称为 HTML 代码和 JavaScript 代码，另外还有 CSS、XML、PHP 等语言。这里将介绍 HTML 语言和 JavaScript 语言基础知识。

2.1.2 HTML 工作原理

1．HTML 简介

HTML，全称为 Hyper Text Markup Language，中文名是超文本标记语言。20 世纪 80 年代末，在欧洲粒子物理实验室（the European Laboratory for Particle Physics，CERN）工作的

Tim Berners-Lee（人称 WWW 之父）通过研究发现：人们的视觉处理是以页为基础的。于是他得出了一个结论：电子资料应以页的方式呈现。以此为出发点，他使用以超文本为中心的管理方式来组织网络上的资料，并提出了建立、存取与浏览网页的方法；建立了超文本标记语言；设计了超文本传输协议（Hypertext Transfer Protocol，HTTP），用于获取超链接文件；使用统一资源定位器（Uniform Resource Locator，URL）来定位网络文件、站点或服务器。

2．HTML 工作原理

HTML 不是程序语言，而是一种标记语言。所谓标记，在有的书上也称为标签，从面向对象的角度而言，就是对浏览器对象的标识。它用来控制文字、图片等浏览器的子对象在浏览器中的表现，以及建立文件之间链接的标记，这些标记均放在文本格式的文件中。而程序与之最大的不同，就是它可以控制操作系统或应用程序执行并完成某项作业。超文本标记语言的文档应该尽量做到，从形式上看，无论在任何操作系统的任何浏览器上打开都具有相同的效果。其基本结构分为 3 部分：

- 版本声明，即序（Prologue）。
- 头部（Head）。
- 主体（Body）。

Web 文档的基本 HTML 结构标记，示范如下：

```
<!--
代码内容:HTML的结构
作      者:海南软件职业技术学院
日      期:20130618
-->
<html>
        <head>
            <title>网页的标题</title>
        </head>
        <body>
            这是网页的主体内容（显示主页的内容）
        </body>
</html>
```

说明：

1）标记一般成对出现，即<开始标记>…</结束标记>，为了防止忘记写结束标记符，可先成对书写，然后在中间插入内容的写法。

2）放在 head 标记内的信息一般不显示在浏览器的窗口中，通常这里面用来定义 JavaScript 函数，包含 JavaScript 代码文件、层叠样式表（Cascading Style Sheets，CSS）文件等一些预处理工作。

3）body 标记内通常放上需要表示或展示的内容的标记格式。

4）HTML 中的注释有以下两种格式。

第一种格式：<!注释内容>。其中，注释内容中不可出现">"，常用于说明标记里的内容。

第二种格式：<!--注释内容-->。其中，注释内容中可出现包括">"在内的任何符号，常用于注释大段的内容。

5）HTML 编辑软件：只要是文本编辑器或自带 HTML 编辑器的软件，就可以用来编写 HTML 文件，也可以使用 HTML 专用编辑器（如 Dreamweaver 等）来编辑 HTML 语言。用户可通过使用 HTML 专用编辑器来快速生成一个 HTML 的基本结构，以便快速学习并掌握 HTML 语言。

6）标记符中的字母，如<html>中的 html，并不区分大小写，但建议统一大写或小写使用。

7）文件的扩展名：若仅含有 HTML 代码，一般以.htm 为扩展名；若仅含有 JavaScript 代码，这种文件常作为.htm 文件的包含文件（引用文件，类似于 C 程序文件中的头文件），一般以.js 为扩展名；若含 HTML 代码和 JavaScript 代码，一般以.htm 为扩展名。

3．HTML 标记简介

（1）基本标记（Basic Tags）

- <html>…</html>：定义整个超文本文档（网页）对象，描述 Web 页面的起始与终止。
- <head>…</head>：设置页面的头部分，用来包含当前文档的一些相关信息，如定义样式、网页的标题、网页中使用的脚本语言以及对搜索引擎有帮助的关键字。
- <title>…</title>：用来指明文件的标题，其内容将显示在浏览器的标题栏内。设置它的好处是可为下载时提供默认的文件名、可为搜索引擎提供搜索关键字。
- <body>…</body>：放置 Web 页面的正文内容，包含文件内的文字、超链接文字的颜色、背景色彩、图片、动画、影像、音效等几乎所有对网页的展示功能。
- <meta>：用来介绍与文件内容相关的信息。每一个<meta>标记都用于指明一个名称或数值对，常常放在头部标记中。

（2）文本、字符格式（Text & Char Format）

- <hn>…</hn>：标题文字（其中 n=1～6）。
-
：换行标记。
- <p>…</p>：段落标记。
- <hr>：水平线标记。
- <font face="字体名称"size="大小"color="颜色名或颜色值">字符串</font>：设置字符串的字体、大小、颜色。

颜色名：red，green，blue，yellow，black，white 等。

颜色值：格式为#rrggbb，其中 r、g、b 分别是用十六进制数表示的红、绿、蓝 3 种颜色，如#FF0000 表示红色，而#6CB0A6 表示一种青色。

- …：粗体。
- <i>…</i>：斜体。
- <u>…</u>：加下画线。
- …：着重强调。
- […]：定义上标。
- _…：定义下标。

（3）超链接（Hyperlink）

标记<a href="URL"…>…</a>表示一个超链接元素。超链接的属性主要有超链接地址、超链接文件打开的窗口位置，都在其开始标记中定义。超链接标记，示范如下：

<a href=" www.hncst.edu.cn " target="_blank" >海南软件职业技术学院</a>

超链接一般简称为链接，其中含义如下：

- href 即超链接地址，其值为 http://www.hncst.edu.cn/index.php。

- target 即窗口位置，对其值_blank 而言，浏览器接收到服务器 222.17.244.9 发来的文件 index.php，将在一个新的浏览器窗口中显示。

（4）表格（Table）

常用表格来精确定义页面文本或图片等的排版格式、排版布局，以使之整齐美观。
- \<table\>…\</table\>：定义一个表格。
- \<tr\>…\</tr\>：定义表格内的一行。
- \<td\>…\</td\>：定义一行内的一个单元格。

（5）表单（Form）

表单的概念与 VB、VF、VC 等程序设计语言中的表单概念相同，它是浏览器收集、发送用户所填数据的一种浏览器对象（控件），就像一部货车或一艘轮船，但它本身不承载数据，而是通过包含表单对象（就像轮船上的集装箱）这些可以盛放数据的数据容器来承载数据、传送数据。从这个角度来看，它实际上是一个盛放数据容器的容器。

表单是 B/S 程序中人机交互界面的主要形式。从服务器的角度来看，或者说从服务器程序编写人员的角度来看，表单及表单对象的名称（即其 name 属性名）被服务器看作变量来接收，称为表单变量。表单变量的值即用户在客户端表单对象中填写的数据。表单定义如下：

```
<form  name="form"action="add.php"method="post"></form>
```

- 属性 action 的值指明将表单中数据提交（发送的意思）的方向，即服务器上的某个处理程序。
- 属性 method 指明提交数据的方法，常用 post 和 get。

在 HTML 的表单中使用\<input\>标签：输入表单对象，包括如下几种类型：

1）文本字段，类似于 VB、VF、VC 里的文本框控件，基本标记形式如下。

```
<input name="textfield" type="text" value="这里是文本字段的值">
```

2）隐藏域，设计时可见，运行时不可见的文本字段，程序员常用它向表单中的 action 指向的文件传送变量，标记形式如下。

```
<input type="hidden" name="hiddenField">
```

3）文本区域，类似于 VB、VF、VC 里的文本框控件，基本标记形式如下。

```
<textarea name="textarea" cols="25" rows="5">这里是文本区域的值</textarea>
```

4）单选按钮，类似于 VB、VF、VC 里的单选按钮控件（也称为无线按钮），作用是在同名的多个单选按钮中提供单项选择。

5）复选框，作用是在同名的多个复选框中提供多项选择。

6）列表/菜单域，概念等同于 VB、VF、VC 里的下拉列表框。

7）提交表单型表单按钮，作用是将表单中的数据提交到表单属性 action 的值所指向的服务器端程序，由服务器端程序处理，标记形式如下。

```
<input   type="submit"   value="提交">
```

8）重置型表单按钮，作用是清空表单中每个输入域中的数据，等待用户重新输入，标记形式如下。

```
<input   type="reset"   value="重新填写">
```

9）定制型表单按钮，作用是执行用户指定的函数、过程。例如，用户通过指定按钮的单击事件处理过程为：将当前页面跳转到教学网站主页，标记形式如下。

```
<input type="button"value="转到教学网站"onClick="window.location='http://www.hncst.edu.cn' ">
```

表单标签示范如下:
```
<form name="form1" method="post" action="2-3.php">
    姓名: <input name="xm" type="text"><br>
    简介: <textarea name="jj" cols="25" rows="5"></textarea><br>
    性别:
    <input type="radio" name="xb" value="1">男
    <input type="radio" name="xb" value="0">女
    <br>
    爱好:
    <input type="checkbox" name="ah" value="1">运动
    <input type="checkbox" name="ah" value="2">表演
    <input type="checkbox" name="ah" value="3">旅游<br>
    需要选择的计划:
    <select name="where">
        <option value="你未选择!" >请选择</option>
        <option value="http://edu.hainan.gov.cn/">海南教育厅网</option>
        <option value="http://www.hncst.edu.cn">海南软件职业技术学院网</option>
        <option value="http://www.baidu.com">百度网</option>
    </select>
    <br>
    <input type="hidden" name="hiddenField">
    <br>
    <input type="submit" name="Submit" value="提交">
    <input type="reset" name="Submit2" value="重置">
    <input type="button" name="Submit3" value="定制">
</form>
```

2.1.3 JavaScript 工作原理

HTML 代码所表示的文档是一种静态文档,几乎没有交互功能,很难使页面成为动态页面。增加脚本语言,可使数据在发送到服务器之前先进行处理和校验,动态地创建新的 Web 内容。更重要的是,引入脚本语言使用户有了事件驱动的软件开发环境。

① JavaScript 简介

JavaScript 的原名叫 LiveScript,是 NetScape 公司在引入 Sun 公司有关 Java 的程序设计概念后,重新设计而更名的。JavaScript 是一种可以嵌入 HTML 文档的,基于对象并具有某些面向对象特征的脚本语言。

② JavaScript 的特点

JavaScript 是一种基于对象(Object-Based)和事件驱动(Event Driven),并由浏览器解释执行的,具有安全性能的客户端脚本语言。使用它的目的是与 HTML、Java Applet(Java 小程序)一起实现在一个 Web 页面中链接多个对象,与 Web 客户交互作用,从而可以开发客户端的应用程序等,它是通过嵌入在 HTML 语言中实现的。它的出现弥补了 HTML 语言的缺陷,它是 Java 与 HTML 折中的选择,具有以下几个基本特点:

● 是一种脚本语言。采用小程序段的方式实现编程,以嵌入的方式,与 HTML 标识结合在一起,方便用户的使用。

● 基于对象的语言。这里的对象是指客户机、浏览器、网页文档。也就是说,JavaScript

以类似 C、Java 的语法，以客户机、浏览器、网页文档、文档内部各种以标记表示的 HTML 元素为对象，以控制这些对象为目标，进而控制整个客户端的一种客户端脚本编程语言。

- 简单。首先，它是一种基于 Java 基本语句和控制流之上的简单而紧凑的语言，因此对于学习 Java 是一种非常好的过渡。其次，它的变量类型是采用弱类型，并未使用严格的数据类型。
- 安全。它不允许访问服务器本地的硬盘，因此不能将数据存放到服务器上。不允许对网络文档进行修改和删除，只能通过浏览器实现信息浏览或动态交互，从而有效地防止了数据的丢失。
- 动态。它可以直接对用户的输入做出响应，无须经过 Web 服务程序。它对用户的响应是采用事件驱动的方式进行的。事件（Event）可分为两类，一类是用户对浏览器进行的某种操作，比如按下鼠标、移动窗口、选择菜单等，均可以视为用户事件；另一类是系统事件，如时间的时刻变化等。当事件发生后，会向浏览器发送相应的消息（用户消息或系统消息），根据消息，浏览器可能会做出相应的响应，这种响应称为事件驱动，也叫消息驱动。
- 跨平台。JavaScript 代码由浏览器解释执行，与操作环境无关，只要是能运行浏览器的计算机，并支持 JavaScript 的浏览器就可正确执行，从而实现了"编写一次，走遍天下"的梦想。

实际上 JavaScript 最杰出之处在于可以用很小的程序做大量的事。无需高性能的计算机，软件仅需一个字处理软件及一浏览器，也无需 Web 服务器通道，通过自己的计算机即可完成所有的事情。它和 Java 很类似，但并不一样。Java 是一种比 JavaScript 复杂许多倍的程序语言，而 JavaScript 则是相当容易了解的语言。许多 Java 的特性在 Java Script 中并不支持。

③ JavaScript 的工作原理

JavaScript 编程可以完成诸如构造动画、动态菜单等使页面变得更加生动、活泼的任务，还可以对客户机的文件系统、注册表等进行操作，如对文件夹、文件的建立，复制、删除、修改注册表，锁定注册表，锁定浏览器等。有许多随着网页打开而运行的病毒其实就是含在网页中的 JavaScript 程序在作怪。由此可见，JavaScript 是控制客户机的精灵。

在 B/S 程序中，为了均衡负载，减轻服务器的计算负担，凡是不需要服务器程序做的工作，都尽量交给客户端程序（如 JavaScript 程序）去做。我们用 HTML 标记构造出用户界面，用户通过界面完成输入数据，向浏览器请求数据等操作。在用户输入数据时或者是输入完毕后，将数据向服务器提交的时候，对数据的检验等任务完全可交给 JavaScript 程序来完成，如图 2-1 所示。

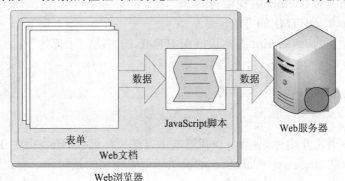

图 2-1　通过 JavaScript 脚本检验表单数据

JavaScript 的工作原理就是基于对象和一些面向对象的特征：

- JavaScript 通过控制客户机上各种对象的方式来控制客户机，对客户机进行操作。

- 根据用户事件或系统事件，做出相应的响应。

2.1.4 Web客户端基本技术

1. 数据传递

浏览器向服务器进行数据传送，若使用表单，则常用的传送数据的方法是 get 和 post。

1) get 方法是通过 URL 请求来传递用户的输入，形式为"URL?var_name2=value2&var_name5=value5"，即将表单内各字段名称与其内容，以成对的字符串连接，置于表单 action 属性所指的 URL 后，如 "http://www.hncst.edu.cn/login.php?name=abc&password=5678"，数据都会直接显示在 URL 上，就像用户单击一个链接一样。post 方法是通过 HTTP POST 机制，将表单内各字段名称与其内容放置在 HTML 表头（header）内一起传送给服务器端，交由 action 属性所指的程序处理，该程序会通过标准输入（stdin）方式，将表单的数据读出并加以处理。

2) 通过 get 方法提交数据，可能会带来安全方面的问题。比如，一个登录页面当通过 get 方法提交数据时，用户名和密码将会出现在 URL 上。如果登录页面可以被浏览器缓存或其他人可以访问该客户的这台机器，那么，别人就可以从浏览器的历史记录中，读取到该客户的账号和密码。所以，在某些情况下，使用 get 方法会带来严重的安全隐患。

3) get 方式传输的数据量非常小，一般限制在 2 KB 左右，但是执行效率却比 post 方法高。而 post 方式传递的数据量相对较大，它是等待服务器来读取数据，不过也有字节限制，这是为了避免用大量数据对服务器进行恶意攻击。使用 PHP，默认的 post 传输数据量最大值（POST_MAX_SIZE）是 2MB（通过配置 php.ini 文件实现），如果想利用 post 方式上传软件，就需要更改这个值（设置为 20MB 就可以正常上传软件），但是倘若试图使用 get 方式，就没有可能实现这种功能。建议在表单中，使用 post 方法。

2. JavaScript 嵌入 HTML 的方式

Java Script 与 C 语言非常相似，不同的是去掉了 C 语言中有关指针等容易产生的错误，并提供了功能强大的类库。对于已经具备 C 语言的人来说，学习 JavaScript 脚本语言是一件非常轻松愉快的事。

JavaScript 的脚本包含在 HTML 中，它成为 HTML 文档的一部分。与 HTML 标识相结合，构成了一个功能强大的 Internet 编程语言。

（1）JavaScript嵌入HTML的方法

块嵌入，即显式的 JavaScript 脚本块嵌入 HTML 的方法，示范如下：

```
<script language ="JavaScript">
JavaScript语句1;
JavaScript语句2;
…
</script>
```

注：通过脚本语言开始标记<script>和脚本语言结束标记</script>指明 JavaScript 脚本的源代码块。通过属性 language ="JavaScript"说明标记中使用的是何种语言，这里是 JavaScript 语言，表示在 JavaScript 中使用的语言。

- 嵌入<head>…</head>中：在主页和其余部分代码之前装载，可使代码的功能更强大。
- 嵌入<body>…</body>中：以实现某些部分动态地创建文档。

下面是将 JavaScript 脚本块加入到 Web 文档中的例子，示范如下：

```
<html>
<head>
<script language ="JavaScript">
document.write("hello,world");
//document.close();注释方式同C和PHP
</script>
</head>
</html>
```

在浏览器的窗口中执行上述语句，则可显示"hello,world"字符串，如图 2-2 所示。

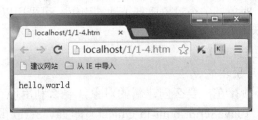

图 2-2　用 JavaScript 脚本输出的"hello,world"

注：document.write()是文档对象的输出函数，其功能是将括号中的字符或变量值输出到窗口中；document.close()是将输出关闭。

在实际应用中，常常将自定义的 JavaScript 函数放在<head>…</head>中，JavaScript 脚本块形成格式，示范如下：

```
<script language ="JavaScript">
function   fun1(参数表){
 JavaScript语句集
}
function   fun2(参数表){
 JavaScript语句集
}
…
</script>
```

（2）包含文件

为了避免因<head>…</head>中 JavaScript 脚本块过大而导致的网页文档代码过长，可以采用一种类似 C 程序的形式。在头部包含 JavaScript 代码的方法如下：

```
<head>
<script   language="JavaScript"    src= "js/basc.js"></script>
</head>
```

basc.js 中的内容即为具体的 JavaScript 脚本块。

（3）隐式的嵌入方式

不进行声明或仅进行简短声明，直接用于事件驱动的处理程序中。直接用于事件处理代码中的 JavaScript 脚本，示范如下：

```
<input type="button" name="Submit3" value="单击我" onClick="javascript:alert('hello,world');">
<!--或：
<input type="button" name="Submit3" value="单击我" onClick="alert('hello,world');">
-->
```

显然这种方式对于较短的事件处理，JavaScript 代码很适用。若这种代码较长，则应采取块嵌入或包含文件的方法。

3．客户机对象技术

从 JavaScript 的工作原理中可以看出，为了能更好地控制操作和做出响应动作，JavaScript 编程者必须清楚地了解常用的客户机对象。下面详细地介绍对象的基础知识。

1）使用对象的什么：使用对象的属性、事件、方法。在 JavaScript 中，属性是表示对象的性质的值，往往用"对象名.属性名"的形式引用；事件往往用"on 事件名"的形式来侦测、标识，表示"当……的时候"；方法是对象发出的动作，往往用"对象名.方法名()"的形式使用。

2）如何获得（引用）对象：一个对象要真正地被引用，可采用以下几种方式获得该对象。

- 引用 JavaScript 内部对象（常用）。
- 引用浏览器对象（常用）。
- 创建新对象，然后引用它。

即对象在引用之前必须存在，要么创建新的对象，要么利用现存的对象。

JavaScript 内部对象：（JavaScript built-in Object）即 JavaScript 语言本身的对象，如 eval（字符串）——返回字符串表达式中的值。

浏览器对象：如窗口（window）、文档（document）、表单（form）等，它们之间是分层次的树状关系。反映这种关系的模型，称作文档对象模型（Document Object Model，DOM），如图 2-3 所示。

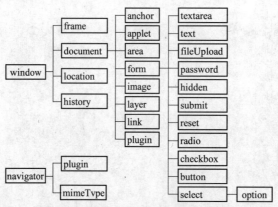

图 2-3　文档对象模型

创建新对象的格式是：新对象名=new 已存在对象名（参数表），示范如下：

```
var now = new Date();
var year = now.getYear();
alert('现在是'+now);
alert('今年是'+year);
```

2.2　PHP 基本语法

2.2.1　PHP 简介

PHP 的全称为 Hypertext Preprocessor，意思是"超文件前置处理器"，是一种用来产生 HTML 网页原始文件的中介程序及语言。PHP 是一种伺服端内嵌式 HTML 的应用程序

（server-side embedded HTML scripting language），类似于 IIS 的 ASP。PHP 的语法基本上是混合了 C/C++、Java、Perl 和自创部分语法。PHP 不像是用 C 或 Perl 写成的 CGI 程序，不是用一大堆指令来输出 HTML 程序，而是可以直接在 PHP 和 HTML 间切换，示范如下：

```
<html>
<head>
<title>PHP Example</title>
</head>
<body>
<?php echo "Hi,this is PHP script!"; ?>
</body>
</html>
```

PHP 程序和用于客户端（Client）的 JavaScript 很相似，只不过，它是用于服务器端（Server）。我们可以利用它来连接数据库及其他网络资源。当然，PHP 可以产生含 JavaScript 的 HTML 网页。

2.2.2 PHP 嵌入语法

PHP 的语法采用自由格式（free format），其程序常用"<?php"和"?>"括起来，或者是用"<?"和"?>"括起来，若经设定也可以用"<%"和"%>"括起来。其写法有如下数种方式：

```
<?php    程序代码    ?>
```

如：

```
<?php echo("Hello world! "); ?>
```

此种写法最为常见。"echo("Hello world! ") ;"可以写成"echo"Hello world! ";"，看起来比较像是指令。echo()的功能为输出一段信息。

```
<?    程序代码    ?>
```

如：

```
<? echo("Hello world! "); ?>
```

这种写法是上一种写法的简写，一般而言，需要先做 config 设定的。

```
<script language= "php">
程序代码
</script>
```

如：

```
<script language= "php">
    echo "Hello world! ";
</script>
```

这种写法很像 JavaScript，但很少见。

```
<%    程序代码    %>
```

如：

```
<%  echo "Hello world";   %>
```

注：当 asp 标签（asp tags）有设定时才可以使用 ASP-style 的写法。这些不同的写法在执行时都会显示一行 Hello world 画面。

2.2.3 引用档案语法

可使用 require()或 include()把一个档案中的内容引入到当前的档案中（或执行位置），以下是 require()和 include()的使用说明。

1. require（"档案名"）

档案名所指的程序在网页程序执行前，即加载成为网页程序的一部分，通常放在程序的开头，应用于程序一定要引入某一个档案的时候。换言之，require 的档案名是不可以用字符串变量来临时决定要加载哪个档案的。require()有点像 C 语言中的#include，不管 require()会不会被执行，它都会被加载。假如我们想要的是有条件的引用档案，则应使用 include()。注意，require()不是函数，因此不会有所谓的返回值，而且只会被载入一次。例如：

"require("config.inc.php");"

2. include（"档案名"）

档案名所指的程序在读到 include 这行指令时才会被加载，通常用在程序的流程当中，尤其是用于选择性的引用时。换言之，include 的档案名可以用字符串变量来临时决定要加载哪个档案。例如：

"include("config.inc.php");"

但是要特别注意，当使用条件式引入时，include()一定要用括号{}括起来，否则会产生错误。会产生错误的语句示范如下：

```
if($condition) include($file_A);
else           include($file_B);
```

正确的示范如下：

```
if($condition) {include($file_A);}
else           {include($file_B);}
```

2.2.4 程序批注

使用标准 C 语言进行多行批注的格式如下：

```
/*      批注文字        */
```

使用标准 C++语言进行单行批注的格式如下：

```
//  批注文字
```

2.2.5 PHP 系统常数

系统一般预设的错误层次为 E_ALL ~E_NOTICE，即显示所有的错误，但不会出现如变量未定义这类的错误信息，毕竟那可能是正确的，因为 PHP 允许变量事先不存在。PHP 的系统常数的定义见表 2-1。

表 2-1 系统常数的定义

系统常数名称	定 义
__FILE__	目前被解析的 PHP 程序的文件名。若目前被解析的程序是 include()或 require()中的程序，则改为子程序的档案名，而不是父程序的文件名
__LINE__	本 __LINE__ 出现处位于 PHP 程序的行号，即本行为第几行。若目前被解析的程序是 include()或 require()中的程序，则改为子程序的行号
PHP_VERSION	PHP 的版本代号，如"5.2.5"
PHP_OS	执行 PHP 程序的 OS 级别，如"WIN32"、"Linux"
TRUE	真值
FALSE	假值

（续）

系统常数名称	定　义
E_ERROR	mask 值为 1，发生错误（ERROR）时，用来设定 error_reporting()的层级。通常错误发生时，程序会中断并产生错误的信息报告
E_WARNING	mask 值为 2，同上，用于警告（WARNING）发生时。程序不会中断，可帮助除错（debug）
E_PARSE	mask 值为 4，同上，用于语法错误发生时
E_NOTICE	mask 值为 8，同上，用于不寻常的信息发生时，如存取未定义的变量、档案。大都用于除错，此时任何可能的错误皆会报告
E_CORE_ERROR	mask 值为 16，同上，PHP 核心程序产生错误时
E_CORE_WARNING	mask 值为 32，同上，PHP 核心程序产生警告时
E_ALL	所有可能的错误 1+2+4+8+16+32

2.2.6　PHP 自定义常数

在写程序时，若觉得内定的系统常数不够用，那么，可用 define()来自行定义程序所需的常数，其应用和定义的方式如下：

define("常数名称", "常数值");

常数的用法示范如下：

```
<?php
//这是php 自定义常数的用法例子
define( "MY_VER", "win 7");
echo "MY_VER=".MY_VER."<BR>\n";
//移去下一行的批注符号后会产生 "parse error"
//常数值是无法改变的
//MY_VER = "win 8";
//下一行将不会产生错误,也不会重新定义常数的值
define( "MY_VER", "new value");
echo "MY_VER=".MY_VER."<BR>\n";
?>
```

执行结果如图 2-4 所示。

图 2-4　自定义常数

2.2.7　数据类型与变量

PHP 支持的数据类型有以下几种：

● 原始类型，即 4 种标量类型：布尔型（boolean）、整型（integer）、浮点型（float）（浮点数，也作 double）、字符串（string）。

● 复合类型：数组（array）。

● 特殊类型：资源（resource）、NULL。

- 伪类型：mixed，说明一个参数可以接受多种不同的（但并非是所有的）类型；number，说明一个参数可以是 integer 或者 float。

1. integer 与 double

在 PHP 中，integer（整数）有多种表示方法，以 0 开头的表示为八进制，以 0x 或 0X 开头的则表示为十六进制。integer 的有效范围在 32 位的操作系统中为正负 21 亿左右（即 -2,147,483,648～+2,147,483,647）。double（浮点数）是含有小数点的数值，可用科学表示法表示，如 12.34, -1.23, 2.34+E30, -1.23e-20，有效范围为 1.7E-308～1.7E+308。设定数值，示范如下：

```php
<?php
 $a = 6789; #  正数（十进制）
 $a = -568; #  负数（十进制）
 $a = 0123; #  八进制（十进制值为83）
 $a = 0x12; #  十六进制（十进制值为18）
 $d = 1.25; #  浮点数
 $d = -1.26F+20; #  浮点数
?>
```

2. string

string（字符串）可以为单一字符或多字符的字符串。字符串与变量之间可用 "." 连接。字符串的表示方法有两种：用双引号引起来和用单引号引起来。用双引号引起来的字符串中若含有变量名，则该变量会被展开（expand），而用单引号引起来者则不展开。用双引号引起来的字符串可以使用脱离码（Escape sequence），其规则和 C/C++ 及 perl 一样，见表 2-2。

表 2-2 脱离码

系统常数名称	内容的定义
\n	new line（新行）
\r	carriage return（归位）
\t	horizontal tab（水平定位点）
\\	backslash（反斜线）
\$	dollar sign（货币号）
\"	double-quote（双引号）
\[0-7]{1,3}	octal notation（最多三位的八进制），如\077

但若用单引号则只认得 "\\"（反斜线）和 "\'"（单引号）两种特殊的脱离码，其他一律不做修改。另外，PHP 也提供了一种类似 shell 的字符串输入写法 "doc syntax（<<<）"，使用 doc syntax 必须使用分隔标识符（delimit），而且必须紧跟其后，结束时必须是在该行的最前面。用 EOD 作为分隔标识符，示范如下：

```php
<?php
$str = <<<EOD
  Example of string
spanning multiple lines
  using heredoc syntax.
EOD;
echo $str;
?>
```

换言之，EOD…EOD 之间的文字是一串输入的文字，其执行的结果如图 2-5 所示。

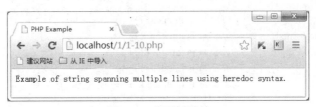

图 2-5　分隔标识符

在 PHP 中，字符串可以用点（.）来连接字符串或变量，但不可以用加号（+）。字符串中的字符可以用数组索引的方式表示（如 C/C++），如：

$str="Hello";

则$str[0] 为第一个字符 H。注意：在 PHP 中没有字符(char)这种类型，只有字符串(string)类型，如：

$c ='x';

是把$c 设为一个字符串，其值只含一个字符，这和 C/C++是不一样的。示范如下：

```
<?php
 /* 设定字符串 */
 $str = "This is a string";
 /* 连接字符串 */
 $str = $str . " with some more text";
 /* 连接字符串,含newline */
 $str .= " and a newline at the end.\n";
 /* str 结果(展开)为 '<p>Number: 9</p>' */
 $num = 9;
 $str = "<p>Number: $num</p>";
 /* str 结果(不会展开)为   '<p>Number: $num</p>' */
 $num = 9;
 $str = '<p>Number: $num</p>';
 $str = 'This is a test.';
 $first = $str[0];  /* 取得第一个字符(索引值为0)   */
 $str = 'This is still a test.';
 $last = $str[strlen($str)-1];   /* 取得最后一个字符 */
 /* 把第五个字符设成 'p' */
 $str = 'This is still a test.';
 $str[5] = "p";
 ?>
```

3．string 转换

当要把字符串转换成数值时，PHP 依照下列规则进行转换：

● 若字符串中含有"."、"e"或"E"，则转成浮点数(double)。否则，转换成整数(integer)。

● 若字符串中含有用非数值表示法表示的字符，则取最前面的数值型字符串进行转换。若开头处就是数值型的文字，则转换为 0。

● 当字符串无法进行正常的转换时，那么其最终的数据类型由其他的表达式决定。

示范如下：

```
<?
 $var = 1 + "10.5";              // $var is double (11.5)
 $var = 1 + "-1.3e3";            // $var is double (-1299)
 $var = 1 + "bob-1.3e3";         // $var is integer (1)
```

```
$var = 1 + "bob3";              // $var is integer (1)
$var = 1 + "10 Small Pigs";     // $var is integer (11)
$var = 1 + "10 Little Piggies"; // $var is integer (11)
$var = "10.0 pigs " + 1;        // $var is integer (11)
$var = "10.0 pigs " + 1.0;      // $var is double (11)
?>
```

4．常用变量处理函数

（1）gettype——获取变量类型

语法格式：

string gettype (mixed var)

描述：返回 PHP 变量 var 的类型。

常见的返回字符串的可能值为 boolean、integer、double、string、array、object、resource、NULL。

（2）is_int——检测变量是否是整数

语法格式：

bool is_int (mixed var)

描述：如果 var 是 integer 则返回 TRUE，否则返回 FALSE。

注：若想测试一个变量是否是数字或数字字符串（如表单输入，通常为字符串），必须使用 is_numeric()。

其他常用的，判断变量是否为某种类型的函数有 is_bool()、is_float()、is_integer()、is_numeric()、is_string()、is_array()

（3）unset——销毁给定的变量

语法格式：

void unset (mixed var [, mixed var [,…]])

描述：unset() 用于销毁指定的变量。示范如下：

```
<?
//销毁单个变量
unset ($foo);
//销毁单个数组元素
unset ($bar['quux']);
//销毁一个以上的变量
unset ($foo1, $foo2, $foo3);
?>
```

unset()函数用来删除数组或数组元素，它允许取消一个数组中的键名。需要注意数组将不会重建索引。示范如下：

```
<?
$a = array( 1 => 'one', 2 => 'two', 3 => 'three' );
unset( $a[2] );
/* 将产生一个数组，定义为
    $a = array( 1=>'one', 3 =>'three');
    而不是
    $a = array( 1 => 'one', 2 => 'three');
*/
$b = array_values($a);
```

```
//现在数组 $b 是 array( 0 => 'one', 1 =>'three')
?>
```

（4）empty——检查一个变量是否为空

语法格式：

```
bool empty ( mixed var )
```

描述：如果 var 是非空或非零的值，则 empty()返回 FALSE。换句话说，""、0、"0"、NULL、FALSE、array()、var $var 以及没有任何属性的对象都会被认为是空的，如果 var 为空，则 empty()返回 TRUE。

除了当变量没有设置值时不产生警外，empty()是(boolean) var 的反义词。参数转换为布尔值可以获取更多信息。示范如下：

```
<?
$var = 0;
//结果为 true，因为 $var 为空
if (empty($var)) {
    echo '$var is either 0 or not set at all';
}
//结果为 false，因为 $var 已设置
if (!isset($var)) {
    echo '$var is not set at all';
}
?>
```

（5）var_dump——打印变量的相关信息

语法格式：

```
void var_dump ( mixed expression [, mixed expression [,…]] )
```

描述：此函数用于显示关于一个或多个表达式的结构信息，包括表达式的类型与值。数组将递归展开值，通过缩进显示其结构。var_dump() 与 print_r()常用于程序的调试，前者会显示更多的信息。示范如下：

```
<?
$a = array (1, 2, array ("a", "b", "c"));
var_dump ($a);

/* 输出：
array(3) {
  [0]=>
  int(1)
  [1]=>
  int(2)
  [2]=>
  array(3) {
    [0]=>
    string(1) "a"
    [1]=>
    string(1) "b"
    [2]=>
    string(1) "c"
  }
}
```

```
*/
$b = 3.1;
$c = TRUE;
var_dump($b,$c);

/* 输出：
float(3.1)
bool(true)

*/
?>
```

（6）print_r——打印关于变量的易于理解的信息

语法格式：

```
bool print_r (mixed expression)
```

描述：print_r()用于显示关于一个变量的易于理解的信息。如果给出的是 string、integer 或 float，将打印变量值本身。如果给出的是 array，则将会按照一定格式显示键和元素。object 与数组类似，print_r()将把数组的指针移到最后面，使用 reset()可让指针回到开始处。print_r() 示范如下：

```
<?
    $a = array ('a' => 'apple', 'b' => 'banana', 'c' => array ('x','y','z'));
    print_r ($a);
?>
```

执行的结果如图 2-6 所示。

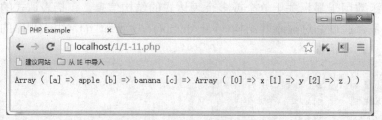

图 2-6 print_r()应用示范

5．数组型（array）

可以用 array()语言结构来新建一个数组。它可以接受一定数量的用逗号分隔的 key => value 参数/值对。示范如下：

```
array(key_1=>value_1, key_2=>value_2, …)
// key_n可以是 integer 或者 string
// value_n可以是任何值
```

在常用的数组实用函数和语句结构中，有相当多的实用函数作用于数组，更多资料可参见有关资料中的数组函数库部分。

（1）count——统计数组中元素的个数

示范如下：

```
<?
$a[0] = 1;
```

```
$a[1] = 3;
$a[2] = 5;
$result = count ($a);
// $result == 3

$b[0] = 7;
$b[5] = 9;
$b[10] = 11;
$result = count ($b);
// $result == 3;
?>
```

（2）foreach——控制结构：遍历数组

第一种格式：

```
foreach (array_expression as $value)
    statement
```

遍历给定的 array_expression 数组。在每次循环中，当前单元的值被赋给$value 并且数组内部的指针向前移一步（因此在下一次循环中将会得到下一个单元）。

第二种格式：

```
foreach (array_expression as $key => $value)
    statement
```

方法同上，除此之外，当前单元的键值也会在每次循环中被赋给变量$key。

（3）list——把数组中的值赋给一些变量

list()用一步操作给一组变量进行赋值。list()仅仅用于有数字索引的数组并假定数字索引从 0 开始。示范如下：

```
<?
$info = array('李四', '男', '22岁');

// 取出数组$info中所有元素值，分别赋值到三个变量中
list($name, $sex, $age) = $info;
print "$name 是$sex 性, 今年$age 岁\n";

//取出数组$info中部分元素值，分别赋值到相应变量中
list( , , $age) = $info;
print "李四今年$age 岁\n";
?>
```

变量事先不需要定义，可以直接使用，在变量的名称前面要加上$符号以作识别，变量的名称有大小写之分。若被引用的变量事先没数据，则设为 nul（可以用 empty()或 isset()来检验）。数据的类型基本上不是由程序设计师决定的，而是在执行时期由 PHP 依照该变量的内容（context）来决定的。假如用户想要强迫某变量为某特定的数据类型，则可以用 settype()或 cast 来实现，示范如下：

```
$a = 10;   // integer
$b = (double) $a;   // force $b to double
```

可以用的 cast 有 int、integer、real、double、float、string、array 和 object，而利用 settype()函数则是另一种方式。settype()函数的雏型示范如下：

```
int settype(string var, string type);
```

其中 var 为变量的名称，type 的类型可为 integer、string、double、array 和 object。若转

第 2 章　PHP 基础知识

换成功则返回 true，失败则返回 false。可用 gettype() 来取得变量的数据类型，示范如下：

```
<?
$a= 20;
$b=(double)$a;
$c=(string)$a;
$d=(array)$a;
$e=(object) $a;

echo "a=".$a.",type a is ".gettype($a)."<BR>\n";
echo "b=".$b.",type b is ".gettype($b)."<BR>\n";
echo "c=".$c.",type c is ".gettype($c)."<BR>\n";
echo "d=".$d[0].",type d is ".gettype($d)."<BR>\n";
echo "e=".$e->scalar.",type e is ".gettype($e)."<BR>\n";
?>
```

注意："."为连接字符串文字的运算子符号，其执行结果如图 2-7 所示。

数值或字符串转换成 array 时，自动设索引值为 0，而数值或字符串转换成 object 时，则变量值自动变成 object 的属性值（attribute），并且以 scalar 为属性名（attribute name）。换言之，当把变量设定为某式子的结果时，表达式最终的结果值会被复制给该变量，示范如下：

图 2-7　数据型态的转换

```
$a=$b;     //将 $a 的值设为 $b 的值
$b++;      //将 $b 增加 1
```

当$b 改变时并不会影响到$a。使用参考设定时，新变量会参考旧变量，也就是说新变量是旧变量的别名（alias）或指向（point to）该变量。此时，改变新变量的值也会异动旧变量的值，反之亦然。若要使用参考设定，则加&（ampersand）符号于被参考的变量之前即可，这个用法和 C++ 的参考（reference）是一样的，示范如下：

```
<?php
$name = 'Bob';
$bar = &$name;
$bar = "My name is $bar";
echo $name;
echo $bar;
?>
```

其执行结果如图 2-8 所示。

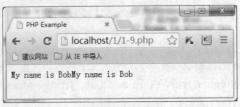

图 2-8　变量

文字字符串在 PHP 中可用单引号或双引号引起来，但两种方式的效果是不一样的，示范如下：
```
$name ="blob";
$a ="$name";
$b ='$name';
```
结果 $a 的内容为"blob"这个文字，而 $b 的内容为"$name"这个文字。换言之，用单引号引起来的字符串中的任何文字都不会被改变，但用双引号引起来的字符串中若含有变量名称，则会用变量的值取代它。

2.2.8 访问客户端变量的方法

从 PHP 的角度看，当浏览器使用表单对象向服务器传递数据时，$表单对象名=表单变量。使用"URL?参数名=参数值"时，$参数名=查询字符串（querystring）变量。

一个简单的 HTML 表单（x.htm），示范如下：
```
<form action="x.php" method="POST">
    姓名：<input type="text" name="username"><br>
    电子邮件：<input type="text" name="email"><br/>
    <input type="submit" name="submit" value="提交" />
</form>
```

根据特定的设置和个人的喜好，有很多种方法都可以访问客户端变量，这里仅介绍常用的两种方法，访问 POST 表单变量（简称 POST 变量，x.php），示范如下：
```
<?
//①直接使用客户端变量（学习使用）。
//在PHP配置文件中，当指令 register_globals = on 时可用。不过
//为了提高服务器的安全性并提升性能，
//自 PHP 4.2.0 起默认register_globals = off。
//在实际应用中，不提倡使用或依赖此种方法。
    echo $username;

//②通过超全局变量数组引用表单变量（实际应用）。
//自 PHP 4.1.0 起可用。
    echo $_POST['username'];//若username是通过GET方法传递的，则应将$_POST换成$_GET。
    echo $_REQUEST['username'];
?>
```

通过 GET 方法传递：当表单采用 GET 方法，或以 username 为查询字符串变量时。

关于第二种方法，首先要弄清楚变量的传递方法（POST/GET），然后通过相应的超全局变量数组（$_POST/$_GET）来引用，为方便页内使用，可先转换成简单变量的形式，如 $username=$_POST['username']。为了方便学习，本书采用第一种方法，即直接使用客户端变量的方法。

2.2.9 PHP 变量的作用域

按照 PHP 变量的定义方式，PHP 变量的分类和相应的作用域分别为：

1）客户端变量：主要是表单变量、查询字符串变量等，由客户端编程人员设计、定义并提交的变量，作用域是一个 PHP 页。

2）服务器端程序员变量：在 PHP 程序中，由程序员定义的变量，作用域是一个 PHP 页。

3）预定义变量：由 PHP 自己定义好的变量，变量名是固定的，存储在$_SERVER、$_ENV 等部分超全局数组中，作用域是全局。

2.2.10 超全局变量数组

自 PHP 4.1.0 起，取得客户端变量的首选方法是通过引用超全局变量数组中的元素。超全局变量数组元素包含了来自 Web 服务器（如果可用）、运行环境和用户输入的数据（客户端变量）。

1）存有客户端变量的数组：
$_POST：通过 HTTP POST 方法传递的变量组成的数组。
$_GET：通过 HTTP GET 方法传递的变量组成的数组。
$_COOKIE：通过 HTTP cookies 传递的变量组成的数组。
$_REQUEST：此数组包含$_GET，$_POST 和$_COOKIE 中的全部内容。
$_FILES：通过 HTTP POST 方法传递的已上传文件项目组成的数组。
$_SESSION：包含当前脚本中 session 变量的数组。

2）$GLOBALS：由所有已定义的全局变量组成的数组。变量名就是该数组的索引。

3）$_SERVER：存储来自 Web 服务器信息的数组，是一个包含诸如头信息（header）、路径（path）和脚本位置（script locations）的数组。数组由 Web 服务器创建，不能保证所有的服务器都能产生所有的信息，服务器可能忽略了一些信息或者产生了一些新的信息。

2.2.11 运算符

1. 算术运算符

PHP 中的算术运算符有：加（+）、减（-）、乘（*）、除（/）、取模（求余：%）。
1）除号（"/"）总是返回浮点数，即使两个运算数是整数（或由字符串转换成的整数）也返回浮点数。
2）取模运算$a % $b，在$a 为负值时的结果也是负值。

2. 赋值运算符

基本的赋值运算符是"="，它是适合于所有二元算术和字符串运算符的"组合运算符"。示范如下：

```
<?
$a = 3;
$a += 5;
$b = "Hello ";
$b .= "There!";
?>
```

3. 错误控制运算符

错误控制运算符：@。当将其放置在一个 PHP 表达式之前时，该表达式可能产生的任何错误信息都将被忽略掉。

4. 比较运算符

若$a 与$b 的类型不同,为避免出错,应先转换成同类型,再比较。比较运算符包括:相等(==)、不等(!=或<>)、小于(<)、小于或等于(<=)、大于(>)、大于或等于(>=)。

5. 逻辑运算符

逻辑运算符包括:与(and,&&)、或(or,||)、非(!)、异或(xor)。

6. 字符串连接操作符

连接运算符("."):$c=$a.$b,它将$a 和$b 拼接成一个新的字符串$c。

连接赋值运算符(".="):$a.=$b,它将字符串$b 的内容附加在字符串$a 的后面。示范如下:

```
<?
$a = "Hello ";
$a.= "World!";        //现在 $a 的内容为 "Hello World!"
?>
```

2.2.12 函数

在 PHP 中,函数主要分为系统函数和用户自定义函数两种。

PHP 定义的系统函数十分丰富,有多达 162 个函数库,用于 162 个方面的处理。如上述用于变量检测和数组循环的函数,分别属于变量处理函数库和数组函数库,用户按照说明使用即可。

常用的函数库有数组函数库、变量函数库、字符串处理函数库、MySQL 函数库、时间日期函数库、HTTP 相关函数库、数学函数库。

下面详细介绍字符串处理函数库中的几种函数。

(1) int strlen(字符串名)——得到字符串的长度

(2) substr()——截取子串

格式:string substr (string $str, int $start [, int $length])

substr()函数的基本用法示范如下:

```
<?
echo substr('abcdef', 1);      // bcdef
echo substr('abcdef', 1, 3);   // bcd
echo substr('abcdef', 0, 4);   // abcd
echo substr('abcdef', 0, 8);   // abcdef
echo substr('abcdef', -1, 1); // f
?>
```

如果 start 是负数,则将从母串的末尾开始反向截取,示范如下:

```
<?
$rest = substr("abcdef", -1);     // returns "f"
$rest = substr("abcdef", -2);     // returns "ef"
$rest = substr("abcdef", -3, 1); // returns "d"
?>
```

(3) ord()——取字符的ASCII码

格式:int ord (string $str)

(4) chr()——取ASCII码对应的字符

格式:string chr (int $ascii)

（5）trim()——去掉串首串尾的空格

格式：string trim (string $str)

（6）ltrim()——去掉串首的空格

格式：string ltrim (string $str)

（7）rtrim()——去掉串尾的空格

格式：string rtrim (string $str)

（8）explode()——将字符串拆分成数组

格式：array explode (string $separator, string $str)

此函数返回由字符串组成的数组，每个元素都是 str 的一个子串，它们被字符串 separator 作为边界点分割出来。如果 separator 为空字符串（""），则 explode()将返回 FALSE。如果 separator 包含的值在 str 中找不到，那么 explode()将返回包含 str 单个元素的数组。

explode()函数的基本用法示范如下：

```
<?
$pizza   = "piece1 piece2 piece3 piece4 piece5 piece6";
$pieces = explode(" ", $pizza);//注意这里用空格作为分隔符，而不是用空字符串
echo $pieces[0]; // piece1
echo $pieces[1]; // piece2
?>
```

（9）implode()——将数组元素连成字符串

格式：string implode (string glue, array pieces)

implode()函数的基本用法示范如下：

```
<?
$array = array('lastname', 'email', 'phone');
$comma_separated = implode(",", $array);
echo $comma_separated; // lastname,email,phone
?>
```

2.3 MySQL 数据库

2.3.1 创建数据库与表

1．数据库表

数据库通常包含一个或多个表。每个表都一个名称（例如"Customers"或"Orders"）。每个表包含带有数据的记录（行）。表 2-3 是一个名为"Persons"的表。

表 2-3 Persons

LastName	FirstName	Address	City
Hansen	Ola	Timoteivn 10	Sandnes
Svendson	Tove	Borgvn 23	Sandnes
Pettersen	Kari	Storgt 20	Stavanger

上面的表含有三条记录（每条记录是一个人的信息）和四列（LastName，FirstName，Address 以及 City 数据）。

2．查询

查询是一种询问或请求。通过 MySQL，用户可以使用数据库查询具体的信息，并得到返回的记录集。请看下面的查询：

```
SELECT LastName FROM Persons
```

上面的查询选取了 Persons 表中 LastName 列的所有数据，并返回类似表 2-4 所示的记录集。

表 2-4 LastName 列数据

LastName
Hansen
Svendson
Pettersen

3．连接到一个 MySQL 数据库

在用户能够访问并处理数据库中的数据之前，必须创建到达数据库的连接。在 PHP 中，这个任务通过 mysql_connect()函数完成，其参数见表 2-5，语法格式如下：

```
mysql_connect(servername, username, password);
```

表 2-5 mysql_connect()函数参数

参　　数	描　　述
servername	可选，规定要连接的服务器，默认是"localhost:3306"
username	可选，规定登录所使用的用户名，默认值是拥有服务器进程的用户的名称
password	可选，规定登录所使用的密码，默认是""

注释：虽然还存在其他的参数，但上面列出了最重要的参数。

4．创建数据库

CREATE DATABASE 语句用于在 MySQL 中创建数据库，其语法如下：

```
CREATE DATABASE database_name
```

为了让 PHP 执行上面的语句，用户必须使用 mysql_query()函数，此函数用于向 MySQL 发送查询或命令。

5．创建表

CREATE TABLE 语句用于在 MySQL 中创建数据库表，其语法如下：

```
CREATE TABLE table_name
(
column_name1 data_type,
column_name2 data_type,
column_name3 data_type,
...
)
```

为了执行此命令，必须在 mysql_query()函数中添加 CREATE TABLE 语句。

重要提示：在创建表之前，必须先选择数据库。通过 mysql_select_db()函数选取数据库，当创建 varchar 类型的数据库字段时，必须规定该字段的最大长度，例如 varchar(15)。

2.3.2 MySQL 数据类型

可使用的各种 MySQL 数据类型见表 2-6～表 2-9。

表 2-6 数值类型

数值类型	描述
int(size) smallint(size) tinyint(size) mediumint(size) bigint(size)	仅支持整数。在 size 参数中规定数字的最大值
decimal(size,d) double(size,d) float(size,d)	支持带有小数的数字。在 size 参数中规定数字的最大值。在 d 参数中规定小数点右侧的数字的最大值

表 2-7 文本数据类型

文本数据类型	描述
char(size)	支持固定长度的字符串（可包含字母、数字以及特殊符号），在 size 参数中规定固定长度
varchar(size)	支持可变长度的字符串（可包含字母、数字以及特殊符号），在 size 参数中规定最大长度
tinytext	支持可变长度的字符串，最大长度是 255 个字符
text blob	支持可变长度的字符串，最大长度是 65535 个字符
mediumtext mediumblob	支持可变长度的字符串，最大长度是 16777215 个字符
longtext longblob	支持可变长度的字符串，最大长度是 4294967295 个字符

表 2-8 日期数据类型

日期数据类型	描述
date(yyyy-mm-dd) datetime(yyyy-mm-dd hh:mm:ss) timestamp(yyyymmddhhmmss) time(hh:mm:ss)	支持日期或时间的数据存储

表 2-9 杂项数据类型

杂项数据类型	描述
enum(value1,value2,ect)	ENUM 是 ENUMERATED 列表的缩写，可以在括号中存放最多 65535 个值
set	SET 与 ENUM 相似。但是，SET 可拥有最多 64 个列表项目，并可存放不止一个 choice

2.3.3 数据库表的插入

每个表都应有一个主键字段。主键用于对表中的行进行唯一标识，每个主键值在表中必须是唯一的。此外，主键字段不能为空，这是因为数据库引擎需要一个值来对记录进行定位。

主键字段永远要被编入索引，这条规则没有例外。用户必须对主键字段进行索引，这样数据库引擎才能快速定位给予该键值的行。

下面的例子把 personID 字段设置为主键字段。主键字段通常是 ID 号，且通常使用 AUTO_INCREMENT 进行设置。AUTO_INCREMENT 会在新记录被添加时逐一增加该字段的值。要确保主键字段不为空，用户必须向该字段添加 NOT NULL 设置。

INSERT INTO 语句用于向数据库表中插入新记录，其语法如下：

INSERT INTO table_name
VALUES (value1, value2,…)

可以规定希望在其中插入数据的列：

INSERT INTO table_name (column1, column2,…)

VALUES (value1, value2,…)

为了让 PHP 执行该语句，用户必须使用 mysql_query()函数，该函数用于向 MySQL 连接发送查询或命令。

2.3.4　SELECT 语句

SELECT 语句用于从数据库中选取数据，其语法如下：

SELECT column_name(s) FROM table_name

为了让 PHP 执行上面的语句，用户必须使用 mysql_query()函数，该函数用于向 MySQL 发送查询或命令。

2.3.5　WHERE 子句

如需选取符合指定条件的数据，要为 SELECT 语句添加 WHERE 子句，其语法如下：

SELECT column FROM table
WHERE column operator value

可与 WHERE 子句一起使用的运算符见表 2-10。

表 2-10　运算符说明

运 算 符	说　　明
=	等于
!=	不等于
>	大于
<	小于
>=	大于或等于
<=	小于或等于
BETWEEN	介于一个包含范围内
LIKE	搜索匹配的模式

为了让 PHP 执行上面的语句，用户必须使用 mysql_query()函数，该函数用于向 MySQL 发送查询或命令。

2.3.6　ORDER BY 关键词

1）ORDER BY 关键词用于对记录集中的数据进行排序，其语法如下：

SELECT column_name(s)
FROM table_name
ORDER BY column_name

2）升序或降序的排序。如果用户使用 ORDER BY 关键词，记录集的排序顺序默认是升序（1 在 9 之前，"a" 在 "p" 之前），使用 DESC 关键词来设定降序排序（9 在 1 之前，"p" 在 "a" 之前），其语法如下：

SELECT column_name(s)
FROM table_name
ORDER BY column_name DESC

3）根据两列进行排序。可以根据多个列进行排序。当按照多个列进行排序时，只有第一列相同，才使用第二列，表达式如下：

SELECT column_name(s)

```
FROM table_name
ORDER BY column_name1, column_name2
```

2.3.7 UPDATE 语句

UPDATE 语句用于在数据库表中修改数据，其语法如下：

```
UPDATE table_name
SET column_name = new_value
WHERE column_name = some_value
```

为了让 PHP 执行上面的语句，用户必须使用 mysql_query()函数，该函数用于向 MySQL 发送查询或命令。

2.3.8 删除数据库中的数据

DELETE FROM 语句用于从数据库表中删除记录，其语法如下：

```
DELETE FROM table_name
WHERE column_name = some_value
```

为了让 PHP 执行上面的语句，用户必须使用 mysql_query() 函数，该函数用于向 MySQL 发送查询或命令。

2.3.9 数据库的 ODBC

odbc_connect()函数用于连接到 ODBC 数据源，该函数有四个参数：数据源名、用户名、密码以及可选的指针类型参数。odbc_exec()函数用于执行 MySQL 语句。

2.4 小结

本章介绍了 PHP 的基础语法，主要包括 PHP 的数据类型、常量与变量、运算符号、函数及数据库操作方法等。对于有一定 C 语言编程基础的读者而言，本章可以略过。但对于初学者来说，一定要掌握好 PHP 的基础知识。

第 3 章 投票系统的设计与实现

投票系统是一个非常实用的系统，特别是在做一些网上调查时，可以统计出被调查人对调查人所有关心问题的意见。本章学习的核心是以手写代码的形式实现 PHP 页面的各个功能，并由此提高程序编写能力。

3.1 需求分析

3.1.1 需求概述

投票系统的主要作用是：①管理员提供投票主题与选项，供用户选择；②用户根据一个主题，从提供的选项中选择认为正确的一项或者多项；③通过查看投票结果，了解用户对该主题的意见以及看法。

3.1.2 功能需求

投票系统的功能结构如图 3-1 所示。

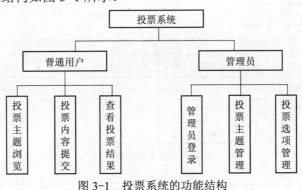

图 3-1 投票系统的功能结构

3.1.3 系统模块划分

根据投票系统的功能需求，投票系统分为两个模块：系统前台投票模块、系统后台投票管理模块。

3.1.4 系统流程图

投票系统为用户和管理员提供了一个交流平台，不同的角色拥有不同的权限。用户的操作流程如图 3-2 所示。

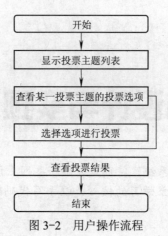

图 3-2 用户操作流程

管理员的操作流程如图 3-3 所示。

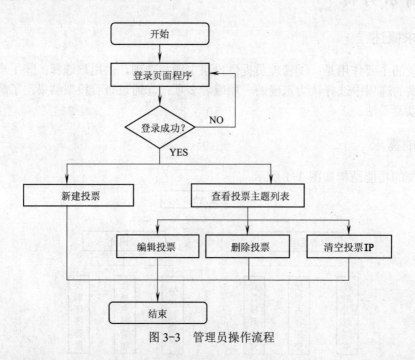

图 3-3 管理员操作流程

3.2 系统数据库的设计与实现

投票系统模块使用的数据库为 vote，其中包含 3 个数据表，分别是 db_admin（管理员信息表）、db_votetopic（投票主题表）、db_voteitem（投票选项表）。

3.2.1 数据库的逻辑设计

投票系统模块的 3 个数据表结构信息见表 3-1～表 3-3。

表 3-1 db_admin（管理员信息表）

字 段 名	数 据 类 型	是否允许为空	描 述	备 注
admin_id	int	否	管理员 ID	主键
admin_name	varchar（50）	否	管理员用户名	
admin_password	varchar（50）	否	管理员密码	

表 3-2 db_votetopic（投票主题表）

字 段 名	数 据 类 型	是否允许为空	描 述	备 注
vote_id	int	否	投票 ID	主键
vote_name	varchar（80）	否	投票主题	
vote_startdate	date	否	投票起始时间	
vote_expiredate	date	否	投票结束时间	
vote_type	int	否	投票类型	
vote_ip	varchar（255）	是	投票者 IP	

表 3-3 db_voteitem（投票选项表）

字 段 名	数 据 类 型	是否允许为空	描 述	备 注
item_id	int（10）	否	投票选项 ID	主键
vote_id	int	否	投票主题 ID	
item_name	varchar（50）	否	投票选项内容	
item_count	int	是	选项投票数	

3.2.2 数据库操作脚本

1．创建数据库

创建数据库，代码如下：

```
create database voter;   //创建数据库
use voter;
```

2．管理员信息表

创建管理员信息表，代码如下：

```
create table db_admin (
    admin_id int auto_increment primary key,
    admin_name varchar(50) not NULL,
    admin_password varchar(50) not NULL
);
```

3．投票主题表

创建投票主题表，代码如下：

```
create table db_votetopic (
    vote_id int auto_increment primary key,
    vote_name varchar(80) not NULL,
    vote_startdate date not NULL,
    vote_expiredate date not NULL,
    vote_type int not NULL,
    vote_ip varchar(255)
);
```

4．投票选项表

创建投票选项表，代码如下：

```
create table db_voteitem (
    item_id int auto_increment primary key,
```

```
vote_id int not NULL,
item_name varchar(50) not NULL,
item_ip int
);
```

3.3 系统实现

3.3.1 文件组织结构

投票系统的文件组织结构，用户看到的文件均在根目录下，而与管理员相关的页面在根目录下的 admin 文件夹下，数据库连接文件在 conn 文件夹下，如图 3-4 所示。

图 3-4 系统的文件组织结构

3.3.2 数据库连接程序

在根目录下创建 conn 文件夹，在该文件夹下创建数据库连接程序 conn.php。代码如下所示：

```
<?php
$conn=mysql_connect("localhost","root","admin") or die('连接失败:' . mysql_error());
if(mysql_select_db("vote",$conn))
   echo "";
   else
   echo ('数据库选择失败:' . mysql_error());
mysql_query("set names gb2312");
```

?>
```

### 3.3.3 管理员管理模块的实现

#### 1. 登录页面

管理员登录投票系统时，首先看到的就是管理员登录页面，在该页面中需要管理员输入用户名、密码和验证码。管理员登录页面的代码如下所示：

```
<!DOCTYPE html PUBLIC "-//W3C//DTD XHTML 1.0 Transitional//EN"
"http://www.w3.org/TR/xhtml1/DTD/xhtml1-transitional.dtd">
<head>
<meta http-equiv="Content-Type" content="text/html; charset=gb2312">
<title>管理员登录</title>
<style type="text/css">
<!--
body {
        margin-left: 0px;
        margin-top: 0px;
        margin-right: 0px;
        margin-bottom: 0px;
}
.word{ text-align:right; font-size:14px; line-height:30px; height:30px;}
-->
</style>
</head>
<body>
<script language="JavaScript" type="text/javascript">
//刷新验证码
function RefreshImage(id){
document.getElementById(id).src="ValidationCode.php?num="+Math.random();
}
function check_user(form){
        if(form.user.value==""){
        alert("请输入用户名");
            form.user.select();
            return(false);
        }
        if(form.password.value==""){
        alert("请输入登录密码!");
            form.password.select();
            return(false);
        }
        if(form.checkCode.value==""){
        alert("请输入验证码!");
            form.checkCode.select();
            return(false);
        }
        return(true);
}
</script>
```
```

```html
<div id="container" style="margin:0 auto;width:760px; border:#69F 2px solid; " >
    <div id="header"><img src="../images/adminhead.gif" width="760" height="161" /></div>
    <div id="main" >
        <form action="checkLogin.php" method="post" name="form1" id="form1" onSubmit="return check_user(this)">
            <table width="760" border="0" align="center" cellpadding="0" cellspacing="0">
                <tr>
                    <td colspan="2" ><h1 style="text-align:center; font-family:隶书">管 理 员 登 录</h1></td>
                </tr>
                <tr>
                    <td class="word">用户名：</td>
                    <td ><input name="user" type="text" size="18"/></td>
                </tr>
                <tr>
                    <td class="word">密码：</td>
                    <td><input type="password" name="password" size="18" /></td>
                </tr>
                <tr>
                    <td class="word">验证码：</td>
                    <td>
                        <input type="text" id="checkCode"size="8" style="vertical-align:middle;" name="checkCode" />
                        <img src="validationCode.php" id="checkImg" onclick="RefreshImage('checkImg')" /> <a title="看不清?" href="#" onclick="RefreshImage('checkImg')">看不清?</a> </td>
                </tr>
                <tr>
                    <td colspan="2" style=" text-align:center; height:40px; line-height:40px;"><input type="submit" name="Submit" value="登录" onclick="check_user()">    
                        <input type="reset" name="Submit" value="重置" /></td>
                </tr>
            </table>
        </form>
    </div>
</div>
</body>
</html>
```

2. 验证码生成

管理员登录投票系统时，除了需要输入用户名和密码以外，还需要输入验证码，以防止非法用户用特定的程序暴力破解方式不断地进行登录尝试。产生验证码需要使用到 GD 库对图像的处理，在投票系统中使用 validationCode.php 程序生成验证码。具体代码如下：

```php
<?php
session_start();                    //为了将验证码的值保留在$_SESSION中
class ValidationCode {
    private $width;
    private $height;
    private $codeNum;               //验证码的个数
    private $image;                 //图像资源
```

```php
    private $checkCode;              //验证码字符串

    function __construct($width=60,$height=20,$codeNum=4) {
      $this->width=$width;
      $this->height=$height;
      $this->codeNum=$codeNum;
      $this->checkCode=$this->createCheckCode();
    }
    //通过调用该方法向浏览器输出验证码图像
    function showImage() {
      $this->createImage();              //第一步：创建背景图像
      $this->setDisturbColor();          //第二步：设置干扰元素，此处只加了干扰直线
      $this->outputText();               //第三步：输出验证码
      $this->outputImage();              //第四步：输出图像
    }
    //通过调用该方法获取随机创建的验证码字符串
    function getCheckCode(){
      return $this->checkCode;
    }
    //创建背景图像
    private function createImage(){
      $this->image=imagecreatetruecolor($this->width, $this->height);
      //随机背景色
      $backColor=imagecolorallocate($this->image, rand(225,255), rand(225,255), rand(225,255));
      //为背景填充颜色
      imagefill($this->image, 0, 0, $backColor);
      //设置边框颜色
      $border=imagecolorallocate($this->image, 0, 0, 0);
      //画出矩形边框
      imagerectangle($this->image, 0, 0, $this->width-1, $this->height-1, $border);
    }
    //输出干扰元素
    private function setDisturbColor() {
      $lineNum=rand(2,4);                //设置干扰线数量
      for($i=0;$i<$lineNum;$i++) {
        $x1=rand(0,$this->width/2);
        $y1=rand(0,$this->height/2);
        $x2=rand($this->width/2,$this->width);
        $y2=rand($this->height/2,$this->height);
        $color=imagecolorallocate($this->image, rand(100,200), rand(100,200), rand(100,200));    //颜色设置成比背景颜色深，比文字颜色浅
        imageline($this->image, $x1, $y1, $x2, $y2, $color);
      }
    }
    //生成验证码字符串
    private function createCheckCode() {     //或者通过前台传递过来的参数生成验证码字符串
      $code="0123456789abcdefghijklmnopqrstuvwxyzABCDEFGHIJKLMNOPQRSTUVWXYZ";
      $string="";
      for($i=0;$i<$this->codeNum;$i++) {
        $char=$code{rand(0,strlen($code)-1)};
```

```php
      $string.=$char;
    }
    return $string;
  }
  //输出验证码
  private function outputText() {
    $string=$this->checkCode;
    for($i=0;$i<$this->codeNum;$i++) {
      $x=rand(1,4)+$this->width*$i/$this->codeNum;
      $y=rand(1,$this->height/4);
      $color=imagecolorallocate($this->image, rand(0,128), rand(0,128), rand(0,128));
      $fontSize=rand(4,5);
      imagestring($this->image, $fontSize, $x, $y, $string[$i], $color);
    }
  }
  //输出图像
  private function outputImage() {
    if(imagetypes() & IMG_GIF) {
      header("Content-type:image/gif");
      imagepng($this->image);
    }else if(imagetypes() & IMG_JPG) {
      header("Content-type:image/jpg");
      imagepng($this->image);
    }else if(imagetypes() & IMG_PNG) {
      header("Content-type:image/png");
      imagepng($this->image);
    }else if(imagetypes() & IMG_WBMP) {
      header("Content-type:image/vnd.wap.wbmp");
      imagepng($this->image);
    }else {
      die("PHP不支持图像创建");
    }
  }
  function __destruct() {
    imagedestroy($this->image);
  }
}
$code=new ValidationCode(60, 20, 4);
$_SESSION['checkCode']=$code->getCheckCode();    //将验证码的值存入session中，以便在页面中调用验证
$code->showImage();    //输出验证码
?>
```

3．管理员身份验证

当管理员在登录页面输入完用户名、密码与验证码，单击"登录"按钮后，填写的数据会提交给 checkLogin.php 程序进行身份验证。

checkLogin.php 程序首先会调用 conn.php 文件打开与后台数据库的连接，然后将用户输入的数据与 vote 数据库中的 db_admin 表中的数据进行匹配，如果匹配上，则验证通过。验证通过后，即可进入管理页面并开启 session 会话，将管理员信息存入 session 中，以防止在进入后面的页面时需要重复输入管理员信息。如果数据无法匹配，则返回登录页面，提示用户重新输入。具体代码如下：

```php
<?php
session_start();
include("../conn/conn.php");
$validateCode=$_POST['checkCode'];//取得用户输入的验证码值
//判断文本框中输入的值和$_SESSION中保存的验证码值是否相等
if(strtoupper($validateCode)==strtoupper($_SESSION['checkCode']))    {
        $adminname=$_POST["user"];//取得管理员输入的用户名
        $password=md5($_POST["password"]); //取得管理员输入的密码
        $query=mysql_query("select * from db_admin where admin_name='$adminname'and admin_password='$password' ");
        if(mysql_num_rows($query)>0){
            $_SESSION["adminname"]=$adminname;
            $_SESSION["password"]=$password;
            echo "<script>alert('登录成功!');window.location.href='admin_index.php';</script>";
        }else{
            echo "<script>alert('您输入的用户名或密码不正确!');window.location.href='admin_login.html';</script>";
        }
}else{
        echo "<script>alert('验证码输入错误!');window.location.href='admin_login.html';</script>";
}
?>
```

4. 信息验证

管理员通过身份验证后，为防止用户非法进入管理页面，在进入投票系统的其他相关管理页面时均会调用 session 信息验证程序 check.php。通过该程序系统会完成用户 session 信息的检查。如果发现了用户的 session 身份信息，则继续浏览页面，如果未发现 session 信息，则返回管理员登录页面重新登录。具体代码如下：

```php
<?PHP
if(!(isset($_SESSION["adminname"]))||!(isset($_SESSION["password"]))){
        echo "<script>alert('您没有正常登录，请重新登录本系统!');window.location.href='admin_login.html';</script>";
    }
?>
```

5. 管理显示

当管理员通过了身份验证后，即可进入投票管理显示页面 admin_main.php，管理员可以在该页面显示出对投票主题与选项的一系列操作。具体显示哪个操作界面，由传递的变量 action 的值来决定。具体代码如下：

```php
<?php
session_start();
include ("check.php");
include("../conn/conn.php");
switch($_GET[action]){
        case "newvote":
        vote_new();
        break;
```

```
            case "showvote":
                vote_show();
                break;
            case "editvote":
                vote_edit();
                break;
            case "":
                vote_show();
                break;
        }
?>
```

当取得的 action 值为 newvote 时，则调用 vote_new()函数，显示新建投票的操作界面。vote_new()函数的定义如下：

```
<?php
function vote_new(){
?>
<form name="form1" method="post" action="admin_manage.php?action=save">
<h1>新增投票</h1>
<table align="center" width="100%" border="1" cellspacing="0" cellpadding="4">
    <tr>
        <td align="right" class="title" width="100">主题名称</td>
        <td><input type="text" name="vt_name" size="50" maxlength="50" class="textarea"></td>
    </tr>
    <tr>
        <td align="right" class="title">开始日期</td>
        <td> <input type="text" name="vt_startdate" size="30" class="textarea"> 格式：<?php date_default_timezone_set('Asia/Shanghai');echo date("Y-m-d")?> </td>
    </tr>
    <tr>
        <td align="right" class="title">结束日期</td>
        <td><input type="text" name="vt_expiredate" size="30" class="textarea"> 同上格式：<?php date_default_timezone_set('Asia/Shanghai');echo date("Y-m-d",mktime(date("H")+240))?></td>
    </tr>
    <tr>
        <td align="right" class="title">投票选项<br>每个选项<br>回车换行</td>
        <td><textarea name="desc" style="width:460px;height:200px;"></textarea></td>
    </tr>
    <tr>
        <td align="right" class="title">投票类型</td>
        <td><input type="radio" name="vt_type" id="vt_type" value="0" checked> 单选 <input type="radio" name="vt_type" id="vt_type" value="1"> 多选</td>
    </tr>
    <tr align="center">
        <td colspan="2" height="30" bgcolor="#F5F5F5">
            <input type="submit" name="Submit" value="确定新增" class="button">
            <input type="reset" name="Reset" value="清空重填" class="button">
        </td>
    </tr>
</table>
```

```
</form>
<?php
}?>
```

当取得的 action 值为 showvote 或者未取得任何值时，则调用 vote_show()函数，显示查看投票主题的操作界面。如果系统中已有的投票主题超过 5 个，则主题分页显示。vote_show()函数的定义如下：

```php
<?php
function vote_show(){
        $rs=mysql_query("select * from db_votetopic");
        $count= mysql_num_rows($rs);
        if($count==0){
              echo "<p>当前没有投票主题!</p>";
        }else{
?>
<h1>投票主题管理</h1>
<table align="center" width="98%" border="1" cellspacing="0" cellpadding="4" style="border-collapse: collapse">
        <tr class="title" align="center">
              <td width="10%">ID编号</td>
              <td width="10%">属性</td>
              <td width="*">投票主题</td>
              <td width="30%">截止日期</td>
              <td width="30%">操作</td>
        </tr>
<?php
        $pageSize=5;
        $pageCount=intval($count/$pageSize);
        $init=1;
        $pageLen=7;
        $maxPage=$pageCount;
        $pages=$pageCount;
        if($count%$pageSize){
            $pages++;
        }
        //设置页数
        if(isset($_GET["page"])){
            $page=intval($_GET["page"]);
        }else{
            $page=1;
        }
        //计算记录偏移量
        $offset=$pageSize*($page-1);
        //读取指定记录数
        $rs=mysql_query("select * from db_votetopic order by vote_id DESC limit $offset , $pageSize");
        while ($row = mysql_fetch_array($rs)){
?>
        <tr >
            <td align="center"><?=$row['vote_id']?></td>
            <td align="center"><?php if($row['vote_type']==1){echo "多选";}else{echo "单选";}?></td>
```

```php
                    <td><?=$row['vote_name']?></td>
                    <td align="center"><?=$row['vote_expiredate']?></td>
                    <td align="center">
                      <a href="admin_manage.php?action=moveip&id=<?=$row['vote_id']?>">清空投票者IP</a> |
                      <a href="?action=editvote&id=<?=$row['vote_id']?>">编辑</a> |
                      <a href="admin_manage.php?action=del&id=<?=$row['vote_id']?>" onClick="return confirm('确定删除<?=$row['vote_name']?>投票主题吗?');">删除</a></td>
                </tr>
            <?php
            }
    $pageLen = ($pageLen%2)?$pageLen:$pageLen+1;//页码个数
    $pageOffset = ($pageLen-1)/2;//页码个数的左右偏移量

    $key='<div class="page">';
    $key.="<span>$page/$pages</span> "; //第几页,共几页
    if($page!=1){
            $key.="<a href=\"".$_SERVER['PHP_SELF']."?page=1\">第一页</a> "; //第一页
            $key.="<a href=\"".$_SERVER['PHP_SELF']."?page=".($page-1)."\">上一页</a>"; //上一页
    }else {
            $key.="第一页";//第一页
            $key.="上一页"; //上一页
    }
    if($pages>$pageLen){
    //如果当前页小于等于左偏移
            if($page<=$pageOffset){
                $init=1;
                $maxPage = $pageLen;
            }else{//如果当前页大于左偏移
                //如果当前页码的右偏移超出最大分页数
                if($page+$pageOffset>=$pages+1){
                    $init = $pages-$pageLen+1;
                }else{
                    //左右偏移都存在时的计算
                    $init = $page-$pageOffset;
                    $maxPage = $page+$pageOffset;
                }
            }
    }
    for($i=$init;$i<=$maxPage;$i++){
            if($i==$page){
                $key.=' <span>'.$i.'</span>';
            } else {
                $key.=" <a href=\"".$_SERVER['PHP_SELF']."?page=".$i."\">".$i."</a>";
            }
    }
    if($page!=$pages){
            $key.=" <a href=\"".$_SERVER['PHP_SELF']."?page=".($page+1)."\">下一页</a> ";//下一页
            $key.=" <a href=\"".$_SERVER['PHP_SELF']."?page={$pages}\">最后一页</a>"; //最后一页
    }else {
            $key.="下一页";//下一页
```

```
            $key.="最后一页"; //最后一页
    }
    $key.='</div>';
    ?>
    <tr>
        <td colspan="5" bgcolor="#E0EEE0"><div align="center"><?php echo $key;?></div></td>
    </tr>
    </table>
    <?php } ?>
```

当取得的 action 值为 editvote 或者未取得任何值时，则调用 vote_edit()函数，显示编辑选票的操作界面。vote_edit()函数的定义如下：

```
<?php
function vote_edit(){
    $votid=$_REQUEST["id"];
    if($votid<=0){
        echo "<script language=javascript>alert('您必须指定操作的对象!');history.back(1);</script>";
    }
    $rs=mysql_query("select * from db_votetopic where vote_id=".$votid);
    $row = mysql_fetch_array($rs);
?>
<form name="form2" method="post" action="admin_manage.php?action=edit">
<h1>编辑选票</h1>
    <table align="center" width="98%" border="1" cellspacing="0" cellpadding="4"    style="border-collapse: collapse">
            <tr >
                <td width="23%" align="right" class="title">主题名称</td>
                <td colspan="2"><input type="text" name="vt_name" size="50" maxlength="50" class="textarea" value="<?=$row['vote_name']?>"></td>
            </tr>
            <tr >
                <td align="right" class="title">开始日期</td>
                <td colspan="2"><input type="text" name="vt_startdate" size="30" class="textarea" value="<?=$row['vote_startdate']?>"></td>
            </tr>
            <tr >
                <td align="right" class="title">结束日期</td>
                <td colspan="2"><input type="text" name="vt_expiredate" size="30" class="textarea" value="<?=$row['vote_expiredate']?>"></td>
            </tr>
            <tr >
                <td align="right" class="title">投票类型</td>
                <td colspan="2">
                    <input type="radio" name="vt_type" id="vt_type" value="0" <?php if($row['vote_type']==0){
                        echo "checked='checked'"; }?> />单选
                    <input type="radio" name="vt_type" id="vt_type" value="1" <?php if($row['vote_type']==1){
                        echo "checked='checked'"; }?>/>多选</td>
            </tr>
            <tr >
```

```
                <td align="right" class="title">投票选项</td><td colspan="2">需要删除某选项时，
请直接清空该选项内容。</td>
            </tr>
<?php
    $rs2=mysql_query("select * from db_voteitem where vote_id=".$votid);
    $i=0;
    while($row2=mysql_fetch_array($rs2)){
?>
            <tr >
                <td align="right" class="title"><input type="hidden" name="Aid_<?=$i?>" value="<?=$row2['item_id']?>" />第<?=$i+1?>选项</td>
                <td><input type="text" name="item_name_<?=$i?>" size="50" class="textarea" value="<?=$row2['item_name']?>" /> <input type="text" name="item_count_<?=$i?>" size="10" class="textarea" value="<?=$row2['item_count']?>" /> 票</td>
            </tr>
<?php
    $i++;
    }
?>
            <tr >
                <td align="right" class="title">新增选项勾选<input type=checkbox name="newok" value="1"></td>
                <td><input type="text" name="item_name" size="50" class="textarea" value=""> <input type="text" name="item_count" size="10" class="textarea" value="0"> 票</td>
            </tr>
            <tr align="center">
                <td colspan="3">
                    <input type="submit" name="Submit" value="确定修改" class="button">
                    <input type="reset" name="Reset" value="清空重填" class="button">
                    <input type="hidden" name="id" value="<?=$row['vote_id'] ?>" />
                    <input type="hidden" name="num" value="<?=$i-1?>" />
                </td>
            </tr>
        </table>
    </form>
<?php } ?>
```

6．投票管理实现

管理员将投票管理信息提交后，信息会被传送给投票管理实现程序 admin_manag.php 进行操作，具体实现哪个操作，由提取的 action 值来决定。具体的实现代码如下：

```
<?php
session_start();
date_default_timezone_set('Asia/Shanghai');
include("../conn/conn.php");
include ("check.php");
switch($_GET[action]){
    case "save":
        savevote();
        break;
    case "edit":
```

```
            editvote();
            break;
        case "del":
            delvote();
            break;
        case"moveip":
            moveip();
            break;
        }
?>
```

当取得的 action 值为 save 时，则执行 savevote()函数，该函数会将在新建投票界面中填写的内容保存到 vote 数据库的 db_votetopic 与 db_voteitem 表中。savevote()函数的定义如下：

```
function savevote(){
    $vt_name=$_POST["vt_name"];
    $desc=$_POST["desc"];
    $vt_startdate=$_POST["vt_startdate"];
    if( $vt_startdate=="") {
        $vt_startdate=date("Y-m-d");
        }
    else{
        $vt_startdate=strtotime($_POST["vt_startdate"]);
        $vt_startdate=date("Y-m-d",$vt_startdate);
        }
        $vt_expiredate=strtotime($_POST["vt_expiredate"]);
        $vt_expiredate=date("Y-m-d",$vt_expiredate);
    if ($vt_name==""|| $desc==""){
        echo "<script language=javascript>alert('您必须填写投票主题和投票选项!');history.back(1);</script>";
            }
    if ($vt_expiredate==""){
        echo "<script language=javascript>alert('您必须填写该投票主题的结束日期!');history.back(1);</script>";
            }
    if($vt_startdate=="1970-01-01"){
        echo"<script language=javascript>alert('开始日期输入错误!');history.back(1);//</script>";
            }
    if($vt_expiredate=="1970-01-01"){
        echo"<script language=javascript>alert('结束日期输入错误!');history.back(1);//</script>";
            }
    if(strtotime($vt_startdate)>strtotime($vt_expiredate)){
        echo"<script language=javascript>alert('结束日期早于开始日期!');history.back(1);//</script>";
            }
    if (strpos($desc,"\n")==false) {
        echo"<script language=javascript>alert('您必须填写至少两个投票选项!');history.back(1);//</script>";
            }
    $rs="Insert Into db_votetopic(vote_name,vote_startdate,vote_expiredate,vote_type)
    Values('$vt_name','$vt_startdate',' $vt_expiredate','$vt_type')";
    $result=mysql_query($rs);
    $rs2=mysql_query("select max(vote_id) from db_votetopic");
    $row=mysql_fetch_array($rs2);
    $token=explode("\n",$desc);
    for($index=0;$index<count($token);$index++){
```

```php
            $rs3=mysql_query("Insert Into db_voteitem(vote_id,item_name) Values('$row[0]','$token[$index]')");
            }
            echo"<script language=javascript>window.location.href='admin_main.php';</script>";
}
```

当取得的 action 值为 edit 时，则执行 editvote()函数，该函数会将修改后的内容保存到 vote 数据库的 db_votetopic 与 db_voteitem 表中。editvote()函数的定义如下：

```php
<?php
function editvote(){
        $votid=$_POST["id"];
        $vtname=$_POST["vt_name"];
        $startdate=$_POST["vt_startdate"];
        $expiredate=$_POST["vt_expiredate"];
        $vtype=$_POST["vt_type"];
        $num=$_POST["num"];
        $newok=$_POST["newok"];
        $item_name=$_POST["item_name"];
        $item_count=$_POST["item_count"];
        if ($vtname==""){
            echo "<script language=javascript>alert('您必须填写投票主题!');history.back(1);</script>";
            }
        if ($expiredate==""){
            echo "<script language=javascript>alert('您必须填写该投票主题的结束日期!');history.back(1);</script>";
            }
        if($startdate=="1970-01-01"){
            echo"<script language=javascript>alert('开始日期输入错误!');history.back(1);//</script>";
            }
        if($expiredate=="1970-01-01"){
            echo"<script language=javascript>alert('结束日期输入错误!');history.back(1);//</script>";
            }
        if(strtotime($startdate)>strtotime($expiredate)){
            echo"<script language=javascript>alert('结束日期早于开始日期!');history.back(1);//</script>";
            }
        mysql_query("Update db_votetopic Set vote_name='$vtname',vote_startdate='$startdate',vote_expiredate='$expiredate',vote_type='$vtype' where vote_id='$votid'");

        for($i=0;$i<=$num;$i++){
            $woA=$_POST["item_name_".$i];
            $woB=$_POST["item_count_".$i];
            $woC=$_POST["Aid_".$i];
            if(($woA!="")&&($woC>0)){
                mysql_query("Update db_voteitem Set item_name='$woA',item_count='$woB' where vote_id='$votid' And item_id='$woC'");
                }
            elseif($woC>0){
                mysql_query("Delete from db_voteitem where vote_id='$votid' And item_id='$woC'");
                }
            }
        if(($newok==1)&&($item_name!="")){
```

```php
        mysql_query("Insert Into db_voteitem(vote_id,item_name,item_count)
        Values('$votid','$item_name','$item_count')");
        }
        echo"<script language=javascript>window.location.href='admin_main.php';</script>";
}
?>
```

当取得的 action 值为 del 时，则执行 delvote()函数，该函数会将选中的投票主题与选项删除。delvote()函数的定义如下：

```php
<?php
function delvote(){
    $vtid=$_REQUEST["id"];
    if($vtid==""){
    echo "<script language=javascript>alert('您必须指定操作的对象!');history.back(1);</script>";
    }
    mysql_query("Delete from db_votetopic where vote_id='$vtid'");
    mysql_query("Delete from db_voteitem where vote_id='$vtid'");
    echo"<script language=javascript>window.location.href='admin_main.php';</script>";
}
?>
```

当取得的 action 值为 moveip 时，则执行 moveip()函数，该函数会将选中的投票主题对应的所有选项的投票者 IP 从数据库中删除。moveip()函数的定义如下：

```php
<?php
function moveip(){
    $vtid=$_REQUEST["id"];
    mysql_query("Update db_votetopic set vote_ip ='' where vote_id='$vtid'");
    echo "<script language=javascript>alert('本投票项清空投票者IP成功!');window.location.href='admin_main.php';</script>";
}
?>
```

3.3.4 用户模块的实现

普通用户访问投票系统时，首先会看到所有的投票主题列表。用户可以选择自己感兴趣的主题，进入该主题选项显示页面后，选择自己心中满意的答案进行投票。

投票列表页面 vote.php 代码如下，在该页面中，当备选的主题超过 5 个时，则使用上下页分页显示。

```php
<?php
include("conn/conn.php");
date_default_timezone_set('Asia/Shanghai');
?>
<!DOCTYPE html PUBLIC "-//W3C//DTD XHTML 1.0 Transitional//EN"
"http://www.w3.org/TR/xhtml1/DTD/xhtml1-transitional.dtd">
<html xmlns="http://www.w3.org/1999/xhtml">
<head>
<meta http-equiv="Content-Type" content="text/html; charset=gb2312" />
<title>投票主题浏览</title>
<style type="text/css">
h1{font-size:16px; font-weight:bold; text-align:center; color:#09F;}
```

```
td{font-size:12px;}
.title{font-weight:bold; background-color:#39F;color:#FFF;font-size:12px;}
</style>
</head>
<body>
<div id="container"    style="width:760px; margin:0 auto; ">
    <div id="header"><img src="images/votehead.gif" width="760" height="180"></div>
    <div id="main">
<?php
    $rs=mysql_query("select * from db_votetopic");
    $count= mysql_num_rows($rs);
    if($count==0){
        echo "<p>无投票选项，请联系管理员!</p>";
    }else{
?>
<h1>投票主题浏览</h1>
<table align="center" width="98%" border="1" cellspacing="0" cellpadding="4" class=Hxcmsbk style="border-collapse: collapse">
    <tr class="title" align="center">
        <td width="10%">属性</td>
        <td width="*">投票主题</td>
        <td width="30%">结束时间</td>
        <td width="10%"></td>
    </tr>
<?php
    $pageSize=5;
    $pageCount=intval($count/$pageSize);
    $init=1;
    $pageLen=7;
    $maxPage=$pageCount;
    $pages=$pageCount;
    if($count%$pageSize){
        $pages++;
        }
    //确定页数
    if(isset($_GET["page"])){
        $page=intval($_GET["page"]);
    }else{
        $page=1;
    }
    //确定偏移量
    $offset=$pageSize*($page-1);
    //从数据库中读取数据
    $rs=mysql_query("select * from db_votetopic order by vote_id DESC limit $offset , $pageSize");
    while ($row = mysql_fetch_array($rs)){
?>
    <tr >
        <td align="center"><?php if($row['vote_type']==1){echo "多选";}else{echo "单选";}?></td>
        <td><?=$row['vote_name']?></td>
        <td align="center"><?=$row['vote_expiredate']?></td>
```

```php
            <td align="center">
            <?php if(strtotime(date("Y-m-d"))>strtotime($row['vote_expiredate'])){echo "投票";}else{?>
            <a href="vote_main.php?id=<?=$row['vote_id']?>" >投票</a><? }?></td>
    </tr>
<?php
    }
$pageLen = ($pageLen%2)?$pageLen:$pageLen+1;//页码个数
$pageOffset = ($pageLen-1)/2;//页码个数的左右偏移量
$key='<div class="page">';
$key.="<span>$page/$pages</span> "; //第几页,共几页
if($page!=1){
    $key.="<a href=\"".$_SERVER['PHP_SELF']."?page=1\">第一页</a> "; //第一页
    $key.="<a href=\"".$_SERVER['PHP_SELF']."?page=".($page-1)."\">上一页</a>"; //上一页
}else {
    $key.="第一页";//第一页
    $key.="上一页"; //上一页
}
if($pages>$pageLen){
//如果当前页小于等于左偏移
    if($page<=$pageOffset){
        $init=1;
        $maxPage = $pageLen;
    }else{//如果当前页大于左偏移
        //如果当前页码的右偏移超出最大分页数
        if($page+$pageOffset>=$pages+1){
            $init = $pages-$pageLen+1;
        }else{
            //左右偏移都存在时的计算
            $init = $page-$pageOffset;
            $maxPage = $page+$pageOffset;
        }
    }
}
for($i=$init;$i<=$maxPage;$i++){
    if($i==$page){
        $key.=' <span>'.$i.'</span>';
    } else {
        $key.=" <a href=\"".$_SERVER['PHP_SELF']."?page=".$i."\">".$i."</a>";
    }
}
    if($page!=$pages){
        $key.=" <a href=\"".$_SERVER['PHP_SELF']."?page=".($page+1)."\">下一页</a> ";//下一页
        $key.=" <a href=\"".$_SERVER['PHP_SELF']."?page={$pages}\">最后一页</a>"; //最后一页
    }else {
    $key.="下一页";//下一页
    $key.="最后一页"; //最后一页
    }
$key.='</div>';
```

```
    ?>
    <tr>
    <td colspan="4"><div align="center"><?php echo $key?></div></td>
    </tr>
    </table>
    <?php } ?>
        </div>
</div>
</body>
</html>
```

当用户选择了主题后,就会跳转到该主题显示页面 vote_main.php。用户可以从给出的选项中选出满意的一项或者多项提交给系统。vote_main.php 代码如下:

```
<?php
session_start();
include("conn/conn.php");
date_default_timezone_set('Asia/Shanghai');
?>
<!DOCTYPE html PUBLIC "-//W3C//DTD XHTML 1.0 Transitional//EN" "http://www.w3.org/TR/xhtml1/DTD/xhtml1-transitional.dtd">
<html xmlns="http://www.w3.org/1999/xhtml">
<head>
<meta http-equiv="Content-Type" content="text/html; charset=gb2312" />
<title>投票内容浏览</title>
<style type="text/css">
h1{font-size:20px; font-weight:bold; text-align:center; color:#09F;}
p{ font-size:14px; font-weight:bold;}
li{list-style:none; font-size:14px;}
</style>
<script type="text/javascript">
function check(id){
        var item_id=document.getElementsByName(id);
        var result=false;
        for(var i=0;i<item_id.length;i++) {
            if(item_id[i].checked){
                result=true;
                break;
            }else{
                result=false;
            }
        }
        if(result==false){
            alert("您还未选定选项,请重新选择!");
        }
        return result;
}
</script>
</head>
<body>
<div id="container"    style="width:760px; margin:0 auto; ">
        <div id="header"><img src="images/votehead.gif" width="760" height="180"></div>
```

```php
        <div id="main">
<?php
$vtid=$_REQUEST["id"];
if($vtid==""){
        echo "<script>alert('您没有选择投票主题!');window.location.href='vote.php';</script>";
}
$rs=mysql_query("select * from db_votetopic where vote_id=$vtid");
$row=mysql_fetch_array($rs);
if ($row["vote_type"]==1){
        $stypes="checkbox";
        $type="多项";
        $itemname="item_id_".$vtid."[]";
        $typenum=1;
}else{
        $stypes="radio";
        $type="单项";
        $itemname="item_id_".$vtid;
        $typenum=0;}
?>
<h1>投票主题：<?=$row["vote_name"]?></h1>
<p>请从下列选项中，选择<?=$type?>您认为正确的选项! </p>
<?php
$rs2=mysql_query("select * from db_voteitem where vote_id=$vtid");
$count= mysql_num_rows($rs2);
if($count==0){
            echo "<p>没有投票选项!</p>";
}else{?>
<form action="vote_submit.php?id=<?=$vtid?>&type=<?=$typenum?>" method="post" onsubmit="return check('<?=$itemname?>')" >
        <div>
        <ul>
<?php
        while($row2=mysql_fetch_array($rs2)){
?>
            <li>
                <input type="<?=$stypes ?>" name="<?=$itemname?>" id="<?=$itemname?>" style="margin:5px 2px;" value="<?=$row2['item_id']?>"/><?=$row2["item_name"]?>
            </li>
<?php }?>
        <input type="submit" value="提交选择"  /> <input type="button" value="查看结果" onclick="javascript:window.location.href='vote_result.php?id=<?=$vtid?>'" />
        </form>
<?php }
?>
</body>
</html>
```

用户提交的数据会交给 vote_submit.php 程序，该程序会先提取用户的 IP 地址，如果该 IP 地址与 Cookie 中记录的 IP 地址一致，则会提示用户不能重复投票。如果用户是第一次投票，则会将相关数据保存至数据库，并提示用户投票成功。vote_submit.php 程序代码如下：

```php
<?php
session_start();
include("conn/conn.php");
date_default_timezone_set('Asia/Shanghai');
$voteid=$_REQUEST["id"];
$type=$_REQUEST["type"];
$itemname=$_POST["item_id_".$voteid];
$IPaddress=$_SERVER["REMOTE_ADDR"];    //提取用户IP
if($_COOKIE["IPadr"]==$IPaddress){   //判断是否是同一IP重复投票
    echo "<script language='javascript'>alert('同一个IP一小时内不可重复投票!');history.back(1);</script>";
} else{
    setcookie("IPadr","$IPaddress",time()+60*60);//设置IP投票时间，限制Cookie
    $rs=mysql_query("select * from db_votetopic where vote_id=$voteid");
    $row=mysql_fetch_array($rs);
    $voteIp=$row['vote_ip']."|".$IPaddress;
    $rs1=mysql_query("update db_votetopic set vote_ip='$voteIp' where vote_id=$voteid");
    if($type==1){
        for($i=0;$i<count($itemname);$i++){
            $rs2=mysql_query("update db_voteitem set item_count=item_count+1 where item_id=$itemname[$i]");
        }
    }else{
        $rs2=mysql_query("update db_voteitem set item_count=item_count+1 where item_id=$itemname");
    }
    echo "<script language='javascript'>alert('投票成功!');history.back(1);</script>";
}
?>
```

用户单击投票页面中的"显示结果"按钮，则会调用 graph.php 程序，该程序的作用是生成饼状图，显示投票结果，代码如下：

```php
<?php
include"graph.php";
include("conn/conn.php");
$vtid=$_REQUEST["id"];
$rs=mysql_query("select * from db_voteitem where vote_id=$vtid ");
$i=0;
while($row=mysql_fetch_array($rs)){
    $name[$i]=$row["item_name"];
    $count[$i]=$row["item_count"];
    $i++;
}
$datLst = $count; //数据
$labLst = $name; //标签
$clrLst =array(0x99ff00, 0xff6666, 0x0099ff, 0xff99ff, 0xffff99, 0x99ffff, 0xff3333, 0x009999);//颜色
//画图
draw_img($datLst,$labLst,$clrLst);
?>
```

在 vote_result.php 程序中调用了 graph.php 程序，该程序的主要功能是根据提交的数据生

成相应的饼状图，代码如下：

```php
<?php
define("ANGLE_STEP", 3); //定义画椭圆弧时的角度步长
define("FONT_USED", "C:\WINDOWS\Fonts\simhei.ttf"); // 使用到的字体文件的位置
function draw_getdarkcolor($img,$clr) //求$clr对应的暗色
{
$rgb = imagecolorsforindex($img,$clr);
return array($rgb["red"]/2,$rgb["green"]/2,$rgb["blue"]/2);
}
function draw_getexy($a, $b, $d) //求与角度$d对应的椭圆上的点坐标
{
$d = deg2rad($d);
return array(round($a*Cos($d)), round($b*Sin($d)));
}
function draw_arc($img,$ox,$oy,$a,$b,$sd,$ed,$clr) //椭圆弧函数
{
$n = ceil(($ed-$sd)/ANGLE_STEP);
$d = $sd;
list($x0,$y0) = draw_getexy($a,$b,$d);
for($i=0; $i<$n; $i++)
{
$d = ($d+ANGLE_STEP)>$ed?$ed:($d+ANGLE_STEP);
list($x, $y) = draw_getexy($a, $b, $d);
imageline($img, $x0+$ox, $y0+$oy, $x+$ox, $y+$oy, $clr);
$x0 = $x;
$y0 = $y;
}
}
function draw_sector($img, $ox, $oy, $a, $b, $sd, $ed, $clr) //画扇面
{
$n = ceil(($ed-$sd)/ANGLE_STEP);
$d = $sd;
list($x0,$y0) = draw_getexy($a, $b, $d);
imageline($img, $x0+$ox, $y0+$oy, $ox, $oy, $clr);
for($i=0; $i<$n; $i++)
{
$d = ($d+ANGLE_STEP)>$ed?$ed:($d+ANGLE_STEP);
list($x, $y) = draw_getexy($a, $b, $d);
imageline($img, $x0+$ox, $y0+$oy, $x+$ox, $y+$oy, $clr);
$x0 = $x;
$y0 = $y;
}
imageline($img, $x0+$ox, $y0+$oy, $ox, $oy, $clr);
list($x, $y) = draw_getexy($a/2, $b/2, ($d+$sd)/2);
imagefill($img, $x+$ox, $y+$oy, $clr);
}
function draw_sector3d($img, $ox, $oy, $a, $b, $v, $sd, $ed, $clr) //3d扇面
{
```

```php
draw_sector($img, $ox, $oy, $a, $b, $sd, $ed, $clr);
if($sd<180)
{
list($R, $G, $B) = draw_getdarkcolor($img, $clr);
$clr=imagecolorallocate($img, $R, $G, $B);
if($ed>180) $ed = 180;
list($sx, $sy) = draw_getexy($a,$b,$sd);
$sx += $ox;
$sy += $oy;
list($ex, $ey) = draw_getexy($a, $b, $ed);
$ex += $ox;
$ey += $oy;
imageline($img, $sx, $sy, $sx, $sy+$v, $clr);
imageline($img, $ex, $ey, $ex, $ey+$v, $clr);
draw_arc($img, $ox, $oy+$v, $a, $b, $sd, $ed, $clr);
list($sx, $sy) = draw_getexy($a, $b, ($sd+$ed)/2);
$sy += $oy+$v/2;
$sx += $ox;
imagefill($img, $sx, $sy, $clr);
}
}
function draw_getindexcolor($img, $clr) //转RBG为索引色
{
$R = ($clr>>16) & 0xff;
$G = ($clr>>8)& 0xff;
$B = ($clr) & 0xff;
return imagecolorallocate($img, $R, $G, $B);
}
// 绘图主函数,并输出图片
// $datLst 为数据数组, $labLst 为标签数组, $clrLst 为颜色数组
// 以上三个数组的维数应该相等
function draw_img($datLst,$labLst,$clrLst,$a=200,$b=90,$v=20,$font=10)
{
$ox = 5+$a;
$oy = 5+$b;
$fw = imagefontwidth($font);
$fh = imagefontheight($font);
$n = count($datLst);//数据项个数
$w = 10+$a*2;
$h = 10+$b*2+$v+($fh+2)*$n;
$img = imagecreate($w, $h);
//转RGB为索引色
for($i=0; $i<$n; $i++)
$clrLst[$i] = draw_getindexcolor($img,$clrLst[$i]);
$clrbk = imagecolorallocate($img, 0xff, 0xff, 0xff);
$clrt = imagecolorallocate($img, 0x00, 0x00, 0x00);
//填充背景色
imagefill($img, 0, 0, $clrbk);
```

```
//求和
$tot = 0;
for($i=0; $i<$n; $i++)
$tot += $datLst[$i];
$sd = 0;
$ed = 0;
$ly = 10+$b*2+$v;
for($i=0; $i<$n; $i++)
{
$sd = $ed;
$ed += $datLst[$i]/$tot*360;
//画圆饼
draw_sector3d($img, $ox, $oy, $a, $b, $v, $sd, $ed, $clrLst[$i]); //$sd,$ed,$clrLst[$i]);
//画标签
imagefilledrectangle($img, 5, $ly, 5+$fw, $ly+$fh, $clrLst[$i]);
imagerectangle($img, 5, $ly, 5+$fw, $ly+$fh, $clrt);
//imagestring($img, $font, 5+2*$fw, $ly,
$labLst[$i].":".$datLst[$i]."(".(round(10000*($datLst[$i]/$tot))/100)."%)", $clrt);
$str = iconv("GB2312", "UTF-8", $labLst[$i]);
ImageTTFText($img, $font, 0, 5+2*$fw, $ly+13, $clrt, FONT_USED,
$str.":".$datLst[$i]."(".(round(10000*($datLst[$i]/$tot))/100)."%)");
$ly += $fh+2;
}
//输出图形
header("Content-type: image/png");
//输出生成的图片
imagepng($img);
}
?>
```

3.4 系统测试

对投票系统进行测试,用户投票界面如图 3-5 所示,饼图显示投票结果界面如图 3-6 所示,管理员后台管理界面如图 3-7 所示。

图 3-5　用户投票界面

第 3 章　投票系统的设计与实现

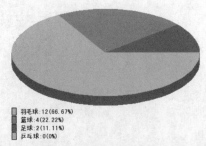

图 3-6　饼图显示投票结果界面

图 3-7　管理员后台管理界面

3.5　相关技能知识点

3.5.1　数组

1．什么是数组

在本章介绍的项目中，常常使用 mysql_fetch_array()函数从结果集中取得一行数据作为关联数组或数值数组，例如$row['vote_ip']等。数组实际上也是一个变量，它可以在一个变量名中存储一个或多个值。例如项目中的数组变量$row 接受了从数据表 db_votetopic 中提取的值，实际上该变量存储了数据表中每个表项的值，但这些存储的值必须是同一数据类型。数组中的每一个元素都有自己的索引，以方便用户访问它。以$row['vote_ip']为例，vote_ip 就是索引。

2．数组的类型

数组分为三种：数值数组、关联数组和多维数组。

1）数值数组。数组中元素的索引为数值，起始索引值为 0，例如$row[0]、$row[1]、$row[2]、$row[3]等。

2）关联数组。数组中元素的索引为字符串，例如$row['vote_ip']、$row['vote_name']、$row['vote_type']等。

3）多维数组。数组中包含一个或者多个数组。

3．数组的使用方法

（1）数值数组

方法一：在 graph.php 程序中，使用以下方法创建了$clrLst 变量，该变量用于存储系统设定的 8 种颜色，在这种方法中系统自动分配了索引值。

```
$clrLst =array(0x99ff00, 0xff6666, 0x0099ff, 0xff99ff, 0xffff99, 0x99ffff, 0xff3333, 0x009999);
```
方法二：使用手动分配索引值的方法来创建数组变量。那么，创建$clrLst 数值数组变量的方法可以写为：

```
$clrLst[0]= 0x99ff00;
$clrLst[1]= 0xff6666;
$clrLst[2]= 0x0099ff;
$clrLst[3]= 0xff99ff;
$clrLst[4]= 0xffff99;
$clrLst[5]= 0x99ffff;
$clrLst[6]= 0xff3333;
$clrLst[7]= 0x009999;
```

（2）关联数组

在存储有关具体命名的值的数据时，使用数值数组不是最好的方法。通过使用关联数组，用户可以把值作为键，并向它们赋值。例如当使用 mysql_fetch_array()函数以数组$row 的形式从 db_votetopic 表的记录集中返回第一行的记录时，相对于使用数值数组$row[0]来说，使用关联数组$row['vote_id']更能体现出存储内容的具体意义。

创建关联数组也有两种方法。

方法一：
```
$row=array("vote_name"=>"最喜欢的运动","vote_startdate"=>"2013-8-17","vote_expiredate"=>"2013-10-20","vote_type"=>"0")
```

方法二：
```
$row['vote_name']= "最喜欢的运动";
$row['vote_startdate']= "2013-8-17";
$row['vote_expiredate']= " 2013-10-20";
$row['vote_type']= "0";
```

（3）多维数组

在多维数组中，主数组中的每个元素也是一个数组，在子数组中的每个元素也可以是数组，以此类推。在本章介绍的项目中，多维数组并未过多涉及。以下例子演示了多维数组的创建：

```
$food = array
(
   "vegetable"=>array ("tomato", "eggplant", "cabbage" ),
   "fruit"=>array ("apple","banana","watemelon")
);
```

4．数组的输出

调用数组时直接使用数组名[索引值]即可。下面通过 echo 函数来具体介绍数组的输出。

（1）数值数组

```
echo $clrLst[3];
```
输出结果为：

0xff99ff

（2）关联数组

```
echo $row['vote_startdate'];
```
输出结果为：

2013-10-20

（3）多维数组
```
echo $food['fruit'][2];
```
输出结果为：
watermelon

在 graph.php 程序中有以下代码段：
```
$rs=mysql_query("select * from db_voteitem where vote_id=$vtid ");
$i=0;
while($row=mysql_fetch_array($rs)){
        $name[$i]=$row["item_name"];
        $count[$i]=$row["item_count"];
        $i++;
}
```

在该代码段中，程序员定义了三个数组变量，分别是$row、$name、$count，其中$row 为关联数组，取得了 db_voteitem 数据表中 vote_id 项与变量$vtid 相等的记录集，并调用了$row["item_count"]将其依次赋值给数值数组$count。

3.5.2 文件间的相互引用

当某一个程序模块需要在系统中被重复使用时，可以将该模块写在一个 php 文件中，在需要的时候进行引用，这样就增加了代码的重用性。在进行文件引用的过程中，经常会使用到 include 和 require 语句。

两者的区别：如果被引用文件发生错误或者根本找不到要被引用文件，那么 require 会产生致命错误（E_COMPILE_ERROR），并停止脚本。而 include 只会产生警告（E_WARNING），脚本将继续。

语法：include'filename';和 require'filename';

示例：

在投票系统项目中，因为连接数据库的程序段在多个文件中被重复使用，所以为了简化代码并增强代码的重用性，便将连接数据库的语句写在了 conn.php 程序中。具体代码如下：

```php
<?php
$conn=mysql_connect("localhost","root","admin") or die('连接失败:' . mysql_error());
if(mysql_select_db("vote",$conn))
   echo "";
   else
   echo ('数据库连接失败:' . mysql_error());
mysql_query("set names gb2312");
?>
```

在系统的其他程序中，只要有打开数据库的需求，那么就在该程序中加入 include("conn/conn.php");语句即可。

3.5.3 函数

为了增强代码的重用性，除了可以使用文件间的相互引用以外，用得最多的方式就是使用函数。函数是一种可以在任何被需要的时候执行的代码块。在 PHP 中，为用户提供了超过 700 个内建的函数。例如在提取数据库中的数据时，会经常使用到的 mysql_fetch_array()函数等。除此之外，在投票系统中还使用了很多自定义函数。例如管理员新建投票主题时，将填写的数据存入数据库中，就调用了自定义函数 savevote()。

1. 自定义函数的定义

在 PHP 中，自定义函数的语法格式为：

```
function 函数名(参数 1, 参数 2, …){
  函数体;
  return 返回值;
}
```

定义函数的步骤如下：

1）所有的函数都使用关键词"function()"开始。
2）确定函数的名称。函数的名称应该提示出它的功能。函数名称以字母或下画线开头。
3）在"()"中确定函数的参数。如果没有参数，则不写。
4）添加"{"，开口的花括号之后的部分是函数的代码。
5）插入函数实现具体代码。
6）添加一个"}"，函数通过关闭花括号来结束。

在投票系统中，大量的使用了自定义函数。

2. 函数的调用

函数在调用的时候需要特别注意，所有的函数必须先定义再调用。

调用函数的语法格式为：

函数名(参数 1, 参数 2, …)。

当函数的定义与函数的调用不在同一个文件中时，就需要使用 include 或者 require 语句来引用函数定义所在的文件。

在本项目中，多次使用了函数的定义与调用，例如管理员进入管理页面后，根据选择，对投票进行不同的操作，而调用了不同的函数，以实现操作需要的结果。具体代码如下：

```
switch($_GET[action]){
    case "newvote":
    vote_new();
    break;
    case "showvote":
    vote_show();
    break;
    case "editvote":
    vote_edit();
    break;
    case "":
    vote_show();
    break;
}
```

3. 参数的使用

函数参数的数量可以是零个、一个或者多个。如果函数的参数个数为零，那么该函数为无参函数；如果函数的参数数量不是零，则该函数称为有参函数。有参函数的参数个数大于 1 时，参数之间用逗号隔开。对于有参函数而言，在 PHP 脚本程序中，定义函数与函数调用之间存在数据传递的关系。定义函数时写入的参数称为形式参数，简称形参，函数调用时写入的参数称为实际参数，简称实参。实参与形参需要按照顺序对应传递数据。

在投票系统中用到的有参函数都非常复杂，下面用绘制饼状图的函数中的一部分代码来解释形参与实参。

定义绘制饼状图函数的部分代码如下：

```
function draw_img($datLst,$labLst, $clrLst,$a=200,$b=90,$v=20,$font=10)
{
    …
    //转RGB为索引色
    for($i=0; $i<$n; $i++)
    $clrLst[$i] = draw_getindexcolor($img,$clrLst[$i]);
    $clrbk = imagecolorallocate($img, 0xff, 0xff, 0xff);
    $clrt = imagecolorallocate($img, 0x00, 0x00, 0x00);
    //填充背景色
    imagefill($img, 0, 0, $clrbk);
    …
}
```

在以上代码中，重点来看$clrLst这个参数的使用。定义函数 function draw_img($datLst, $labLst,$clrLst,$a =200,$b=90,$v=20,$font=10)时，括弧里的$clrLst 即是形参。在给定的函数中，将$clrLst 数组中的颜色数据转换为索引颜色。当调用该函数时，使用如下代码：

```
$datLst = $count; //数据
$labLst = $name; //标签
$clrLst =array(0x99ff00, 0xff6666, 0x0099ff, 0xff99ff, 0xffff99, 0x99ffff, 0xff3333, 0x009999);//颜色
//画图
draw_img($datLst,$labLst,$clrLst);
```

调用函数时，这里使用的$count、$name、array(0x99ff00,0xff6666,0x0099ff,0xff99ff,0xffff99, 0x99ffff,0xff3333,0x009999)依次传入了 draw_img($datLst,$labLst,$clrLst,$a=200,$b=90,$v=20,$font =10)的前三个参数中，在函数中进行运算的实际上是这三个变量，真正参与运算的参数是实参。通过调用该函数，成功地将此数组中的元素 0x99ff00、0xff6666、0x0099ff、0xff99ff、0xffff99、0x99ffff、0xff3333、0x009999 转换为索引色。

4．函数的返回值

有的函数在运行结束后，还需要传递回数据，这时候，就需要使用 return 来实现。例如在投票系统中用来随机生成验证码的 createCheckCode()函数。生成验证码$string 后就要将验证码传出去，否则函数结束，生成的验证码也就消失了，起不到函数的作用。具体代码如下：

```
function createCheckCode()
    $code="0123456789abcdefghijklmnopqrstuvwxyzABCDEFGHIJKLMNOPQRSTUVWXYZ";
    $string="";
    for($i=0;$i<$this->codeNum;$i++) {
        $char=$code{rand(0,strlen($code)-1)};
        $string.=$char;
    }
    return $string;
}
```

在调用具有返回值的函数时，一定需要使用一个变量来接收返回的值。例如投票系统中在调用 createCheckCode()函数时，就使用了变量 checkCode 来接收生成的验证码。具体代码如下：

```
$this->checkCode=$this->createCheckCode();
```

3.5.4 PHP 的数据采集

客户端与服务器端进行数据传递时使用的是 HTTP，也就是超文本传输协议。HTTP 的设计目的是保证客户机与服务器之间的通信良好。对于 PHP 程序而言，首先客户端（浏览器）向服务器中的某 PHP 程序提交 HTTP 请求，服务器 PHP 程序接收到该请求后，接收所有的请求数据，然后对请求的数据进行处理，最后服务器将处理结果作为响应返回给客户端。

1．数据提交方式

客户端数据提交的方式主要有两种：GET 提交方式和 POST 提交方式。

1）GET 提交方式。GET 提交方式是指从指定的资源请求数据，GET 提交的数据是在 URL 中发送的。

2）POST 提交方式。POST 提交方式是指向指定的资源提交要被处理的数据，POST 提交的数据是在 HTTP 主体中发送的。若以 POST 方式提交用户名和密码数据，则提交的数据值不会出现在 URL 中。

两种提交方式的对比见表 3-4。

表 3-4 两种提交方式的对比

操 作	GET	POST
后退按钮/刷新	无害	数据会被重新提交（浏览器应该告知用户数据会被重新提交）
书签	可收藏为书签	不可收藏为书签
缓存	能被缓存	不能缓存
编码类型	application/x-www-form-urlencoded	application/x-www-form-urlencoded 或 multipart/form-data。为二进制数据使用多重编码
历史	参数保留在浏览器历史中	参数不会保存在浏览器历史中
对数据长度的限制	有限制。当发送数据时，GET 方法会向 URL 中添加数据，URL 的长度是受限制的（URL 的最大长度是 2048 个字符）	无限制
对数据类型的限制	只允许 ASCII 字符	没有限制。也允许二进制数据
安全性	与 POST 相比，GET 的安全性较差，因为所发送的数据是 URL 的一部分	

注意：在发送密码或其他敏感信息时绝不要使用 GET。POST 比 GET 更安全，因为参数不会被保存在浏览器历史或 web 服务器日志中。

2．PHP 判断数据提交方式

PHP 程序判断数据是以哪种方式进行提交的，可以看表单标签<form>的 method 属性值，如果 method 的属性值为 post，即是以 POST 方式提交数据；如果属性值是 get，则是以 GET 方式提交数据。例如投票系统中管理员登陆的表单：

```
<form action="checkLogin.php" method="post" name="form1" id="form1" onSubmit="return check_user(this)">
...
</form>
```

该表单就是以 POST 方式提交用户输入的 user 和 password 变量的。考虑到数据的安全性，投票系统中的大部分表单数据都是以 POST 方式提交的。

也可以从 URL 处是否有"？"符号来判断，如果 URL 处显示为"XXX.php?参数 1=参数值&参数 2=参数值"，则参数是以 GET 方式提交的。例如在投票系统中 vote.php 页码进行分页列表显示，判断页码数的时候，代码如下：

```
if($page!=1){
    $key.="<a href=\"".$_SERVER['PHP_SELF']."?page=1\">第一页</a> "; //第一页
    $key.="<a href=\"".$_SERVER['PHP_SELF']."?page=".($page-1)."\">上一页</a>"; //上一页
}else {
    $key.="第一页";//第一页
    $key.="上一页"; //上一页
}
```

在该段代码中，点击第一页时，数据变量 page 会通过链接标签<a>在 URL 中以 GET 方式提交出去。

3. 使用$_GET 和$_POST"采集"表单数据

客户端通过 GET 或者 POST 将数据提交给服务器端，服务器端 PHP 程序需要"采集"到这些数据。服务器端 PHP 程序在采集数据时，主要使用$_GET 和$_POST 这两个预定义变量，这两个变量的数据类型均为数组。

当客户端以 GET 方式提交数据时，服务器端 PHP 程序用预定义变量$_GET 来"采集"提交数据；当客户端以 POST 方式提交数据时，服务器端 PHP 程序用预定义变量$_POST 来"采集"提交数据。

在管理员登录验证 checkLogin.php 文件中，服务器端就是用$_POST 变量来"采集"客户端通过 POST 方式提交的 user 和 password 变量的，代码如下：

```
$adminname=$_POST["user"];//取得用户输入的用户名
$password=md5($_POST["password"]); //取得用户输入的密码
```

而在 vote.php 程序中，用户分页显示列表判断分页页码时，是通过$_GET 变量来"采集"客户端通过 GET 方式提交的 page 变量的，代码如下：

```
//确定页数
if(isset($_GET["page"])){
    $page=intval($_GET["page"]);
}else{
    $page=1;
}
```

3.5.5 会话控制

用户在浏览网站时，访问的每一个 Web 页面都需要使用 HTTP 来实现。但 HTTP 是无状态协议，也就是说 HTTP 没有一个内建机制来维护两个事物之间的状态。例如，一个用户登录一个网站的某一个页面后，再去请求该网站的其他页面，HTTP 便无法识别这两个请求是否来自同一个用户，它会将这两个请求分别当做独立的请求，而不会将这两次访问联系在一起。

会话控制是一种面向连接的可靠的通信方式，其思想是能够在同一个网站内跟踪某个用户，实现记录用户行为的目的。简单地说，会话控制允许 Web 服务器跟踪同一个浏览器用户的连续请求，实现同一个网站内多个动态页面之间的参数传递。

1. 会话控制方式

1）使用超链接或者 header() 函数等重定向的方式，通过在 URL 的 GET 请求中附加参数的形式，将数据从一个页面转移到另一个 PHP 脚本中。也可以通过网页中的 form 表单的隐藏域 hidden 来存储使用者资料，并将这些信息在提交表单时传递给 Web 服务器中的 PHP 脚本使用，以实现不同页面之间的数据传递。例如，管理员编辑选票页面代码如下：

```
<form name="form2" method="post" action="admin_manage.php?action=edit">
<h1>编辑选票</h1>
…
</form>
```

在该代码中，将管理员要修改的选票主题序号与选项内容序号作为隐藏项保存下来，并将这些信息在提交表单时传递给 Web 服务器中的 PHP 脚本使用，以完成编辑选项功能的实现。

2）使用 Cookie 将浏览器用户的个人资料存放在客户端的计算机中，其他 PHP 程序通过读取客户端计算机中的 Cookie 信息来实现页面之间的数据传递。

3）使用 Session 将浏览器用户的个人资料存放在 Web 服务器中，其他 PHP 程序通过读取 Web 服务器端计算机中的 Session 信息来实现页面之间的数据传递。

在上面 3 种网页间数据的传递方式之中，使用超链接或重定向方式更适合于两个脚本之间的简单数据传递。如果需要传递的数据比较多，页面传递的次数比较频繁，或者是需要传递数组或对象等复合数据类型，通常使用 Cookie 或者 Session 技术来实现会话控制。

2. Cookie 会话控制

（1）Cookie的概念

Cookie 是服务器留在用户计算机中的小文件，常用于识别用户。每当相同的计算机通过浏览器请求页面时，它会同时发送 Cookie。通过 PHP，用户能够创建并取回 Cookie 的值。

（2）创建Cookie

setcookie() 函数用于客户端设置 Cookie。Setcookie() 函数的语法格式如下所示：

```
bool setcookie (string $name[[[[,string value],int expire],string path],string domain],int secure] )
```

函数功能：setcookie() 函数若成功创建了 Cookie 则返回 TRUE，否则返回 FALSE。

函数中每个参数代表的意义见表 3-5。

表 3-5 setcookie() 函数的参数说明

参数	描述	数据类型	示例
$name	指定了 Cookie 的标记名称	字符串	使用 $_COOKIE['mycookie'] 调用名为 mycookie 的 Cookie
$value	Cookie 的值，此值保存在客户端，不要用来保存敏感信息	数值或者字符串	假定第一个参数为'mycookie'，可以通过 $_COOKIE['mycookie'] 取得其值
$expire	指定 Cookie 的过期时间，单位为秒，它是个 UNIX 时间戳，该数据指从 UNIX 纪元开始的秒数	整数	如 time()+60*60*24 将设定 Cookie 在 24 小时后失效，若未设置该值，则在会话结束后失效
$path	指定 Cookie 在 Web 服务器的有效路径。设定此值后，只有当浏览器访问 Web 服务器中有效路径下的页面时，浏览器才向请求头中添加 Cookie 信息。通过设置 Cookie 的有效路径，可以保证同一个 Web 服务器下同一应用程序之间 Cookie 信息的安全性	字符串	默认值为设定 Cookie 的当前目录，如果该参数设置为"/"，Cookie 就在整个 domain 内有效，如果设为 "/mycookie/"，Cookie 就在 domain 下的 /mycookie/ 目录及其子目录下有效

（续）

参　数	描　述	数据类型	示　例
$domain	指定 Cookie 的有效域名。设定此值后，只有当浏览器访问该域名下的页面时，浏览器才会向请求头中放入 Cookie 信息。通过设置 Cookie 的有效路径，可以保证同一个 Web 服务器下不同应用程序之间 Cookie 信息的安全性	字符串	当该参数被设为".test.com"时，则 Cookie 能在 test.com 域名下所有子域都有效。其中"."不是必须的，但如加上它则会兼容更多浏览。当该参数被设为 www.test.com 时，就只能在 www 子域内有效
$secure	指定 Cookie 信息是通过 HTTP 还是 HTTPS 加入请求头中，取值范围为 TRUE 或者 FALSE。默认值为 FALSE，表示 Cookie 只有使用 HTTP 连接 Web 服务器，才将 Cookie 信息加入请求头中；值为 TRUE，表示 Cookie 只有使用 HTTPS 连接 Web 服务器，才将 Cookie 信息加入请求头中	布尔型	默认值为 FALSE，设置为 TRUE 时，Cookie 仅可以在安全的连接中被设置

如果只有$name 这一个参数，则原来有此名称的 Cookie 选项将会被删除，也可以使用空字符串（""）略过该参数。参数$expire 是个整数，可以使用 0 略过该参数，参数$expire 通常使用 time()或者 mktime()函数传回一个正规的 UNIX 纪元（格林尼治时间 1970 年 1 月 1 日 00:00:00）加上到当前时间的秒数。在 setcookie()函数中除了$name 参数不可选以外，其他参数都是可选的。

对于 Web 服务器而言，PHP 程序仅仅关心的是 name 属性和 value 属性，其他属性仅仅是告诉浏览器该如何处理这些 Cookie。那么其他属性有什么用处呢？例如，可以设置当浏览器存在 Cookie，并且该 Cookie 尚未过期，domian 和 path 都匹配时，该 Cookie 才有效。当 Cookie 有效时，浏览器请求访问 Web 服务器的其他页面，才会将 Cookie 信息放入到请求头中。这样，浏览器就不会把 Cookie 信息放入到其他 Web 服务器的请求头中了，从而保证了 Cookie 信息跨服务器的安全性。

如果需要调用多个 Cookie，可以通过调用多次 setcookie()函数来实现。如果设置了相同的 Cookie 识别名称，则后设置的 Cookie 变量值会覆盖与自己同名的 Cookie 变量值。

（3）在PHP脚本中读取Cookie资料内容

如果 Cookie 创建成功，客户端就拥有了 Cookie 文件，用来保存 Web 服务器为其设置的用户信息，Cookie 是以文本文件的形式记录信息的。当客户再次向该网站的其他 PHP 页面发送请求时，Web 服务器会自动收集请求头中的 Cookie 信息，并将这些信息解析到预定义变量$_COOKIE 中。通过$_COOKIE，每个 PHP 脚本都可以拥有通过 HTTP 请求传递的 Cookie 信息。$_COOKIE 本身是一个全局数组，该数组中的每一个元素的"键"为 Cookie 的标记名称，数组中的每个元素的"值"为 Cookie 的值。

在设置 Cookie 的脚本中，第一次读取它的信息并不会生效，必须刷新到下一个页面才能看到它的值，这是因为 Cookie 要先被读取到客户端，当再次访问时才能被发送回来。

（4）删除客户端的Cookie

用户可以调用 setcookie()函数通过两种方法删除客户端的 Cookie。

方法一：保存 setcookie()函数的第一个用来识别 Cookie 名称的参数，通过省略其他参数来删除指定名称的 Cookie 信息，当浏览器关闭时，指定的 Cookie 信息就被删除。

方法二：利用 setcookie()函数把目标 Cookie 的有效时间设置为已过去的时间，当 Cookie 的有效期限超过设定的时间时，系统会自动删除客户端的 Cookie 信息。

具体代码如下所示：

```php
<?php
//仅指定Cookie中识别名称的一个参数，即删除客户端中这个指定名称的Cookie信息
setcookie("Ipadr");                              //第一种方法
setcookie("Ipadr"," ",time()-1);                 //第二种方法
?>
```

在实现用户投票功能的文件 vote_submit.php 中，为了限制重复的 IP 投票，会将投票用户的 IP 记录在 Cookie 的 IPadr 标记中。当用户投票时，首先会使用$_COOKIE["IPadr"]读取 Cookie 中的 IPadr 的值，然后将用户当前的 IP 值与 Cookie 中记录的 IPadr 值进行比对，如果相同，则会提示用户不可重复投票；如果不同，则利用 setcookie()函数将当前的 IP 值存入 Cookie 中的 IPadr 标记里。同时，设置此 Cookie 的过期时间为一个小时，一个小时以后，将自动删除客户端的 Cookie。具体代码如下：

```php
$IPaddress=$_SERVER["REMOTE_ADDR"];      //提取用户IP
if($_COOKIE["IPadr"]==$IPaddress){       //判断是否是同一IP重复投票
        echo "<script language='javascript'>alert('同一个IP一小时内不可重复投票!');history.back(1);</script>";
} else{
        setcookie("IPadr","$IPaddress",time()+60*60);//设置IP投票时间，限制Cookie
...
        echo "<script language='javascript'>alert('投票成功!');history.back(1);</script>";
}
```

3. Session 会话控制

（1）Session的概念

Session 技术与 Cookie 类似，都是用来存储浏览器端用户的相关信息。但是二者之间最大的不同在于 Cookie 将数据存放在客户端计算机中，而 Seesion 则是将数据存放在服务器上。

（2）Session与Cookie的区别

Session 与 Cookie 存在以下几点区别：

- Cookie 将信息保存在客户端，而 Session 是将信息保存在服务器端。
- 客户端用户可以禁用客户端浏览器的 Cookie，但是不能停止服务器端 Session 的使用。
- 在使用 Session 时，关闭客户端浏览器只会使存储在客户端主机内存中的会话 Cookie 信息失效，而不会使服务器端的 Session 信息失效。
- 在使用 Session 时，当客户端浏览器第一次向服务器端请求 PHP 页面时，由于 PHP 页面是在服务器产生 Session 信息，所以服务器端 PHP 可以直接对该 Session 信息进行访问。而 Cookie 信息是保存在客户端，只有第一次响应后才会产生 Cookie 信息，所以浏览器第一次向服务器端请求 PHP 页面时，该页面不能访问到 Cookie 信息。
- Session 可以存储复合数据类型数据，而 Cookie 只能存储字符串数据。

基于以上几点区别，一般而言，将登录信息等重要信息存放在 Session 中，而其他信息如果需要保留，可以放在 Cookie 中。

（3）开启Session

不同于 Cookie，Session 必须先启动。在 PHP 中调用 session_start()函数，该函数必须位于<html>标签之前，没有参数，且返回值永远是 TRUE。

第 3 章　投票系统的设计与实现

session_start()函数的语法格式如下:

bool session_start(void);   //创建 Session, 开始一个会话, 进行 Session 初始化

（4）存储Session变量

PHP 提供了预定义变量$_SESSION 来解析和修改 Session 文件，它必须在调用 session_start()函数、开启 Session 之后才能使用。在$_SESSION 关联数组中的键名具有和 PHP 普通变量名相同的命名规则。

（5）删除和销毁Session

当使用完一个 Session 变量后，可以将其删除；当完成一个会话后，可以将其销毁。PHP 提供了 unset()函数和 session_destroy()函数来销毁 Session。

- unset()函数的语法格式如下:

void unset(mixed $var [, mixed $…])

unset()函数的功能：释放 Session 注册的单个变量。代码如下所示：

```
unset($_SESSION("userName"));       //删除Session中声明的用户名变量
unset($_SESSION("userID"));         //删除Session中声明的用户ID变量
```

- session_destroy()函数的语法格式如下:

void session_destroy(void)

session_destroy()函数的功能：结束当前会话，清空会话中所有资源，如果成功则返回 TRUE，销毁 Session 资料失败则返回 FALSE。但是该函数不会释放与当前 Session 相关的变量，也不会删除客户端 Cookie 里的 Session ID。

在投票系统里，实现管理员登录功能的 checkLogin.php 文件中，当管理员的用户名和密码都输入正确时，会将输入的用户名和密码写入 Session 中，代码如下：

```php
<?php
session_start();
…
    $adminname=$_POST["user"];//取得用户输入的用户名
    $password=md5($_POST["password"]); //取得用户输入的密码
    $query=mysql_query("select * from db_admin where admin_name='$adminname'and admin_password='$password' ");
    if(mysql_num_rows($query)>0){
//存储Session变量
        $_SESSION["adminname"]=$adminname;
        $_SESSION["password"]=$password;
        echo "<script>alert('登录成功!');window.location.href='admin_index.php';</script>";
    }
…
?>
```

当用户进入其他管理页面时，首先会通过 session_start()函数启动 Session，然后调用 check.php 文件进行身份验证。在该文件中，调用 isset()函数来确认$_SESSION["adminname"]和$_SESSION["password"]是否被设置，如果均未设置，则会重新进入管理员登录页面，否则就不需要重新输入用户名和密码，直接管理投票系统即可。check.php 文件代码如下：

```php
<?PHP
if(!(isset($_SESSION["adminname"]))||!(isset($_SESSION["password"]))){
    echo "<script>alert('您没有正常登录，请重新登录本系统!');window.location.href='admin_login.html';</script>";
```

```
        }
?>
```

3.5.6　PHP 动态图像处理

PHP 不仅仅能够处理文本数据，通过使用处理图形的 GD 扩展库，PHP 还可以创建不同格式的动态图像。在网站上 GD 库通常用来生成缩略图、对图片加水印、生成汉字验证码，或者对网站数据生成报表等。

1．PHP 中 GD 库的使用

在 PHP 中，通过 GD 库处理图像的操作一般分为以下 4 个步骤。

1）创建画布。创建画布的过程实质上是在内存中开辟一块临时区域，用于存储图像信息。

2）绘制图像。画布创建好后，使用各种绘画函数绘制图像，以及在图像中添加文本。

3）输出图像。完成图像绘制后，将图像保存在服务器的指定文件中，或者将图像直接输出到浏览器上，显示给用户。需要注意的是，在图像输出之前，需要使用 header()函数发送 Content-type，以通知浏览器发送的内容是图片。

4）释放资源。图像输出后，及时清除画布所占的内存资源。

2．创建画布

在 PHP 中，可以使用 imagecreate()函数和 imagecreatetruecolor()函数来创建画布。两个函数的作用是一样的，不一样的地方在于 imagecreate()函数可以创建一个基于普通调色板的画布，通常支持 256 个颜色。imagecreate()函数语法格式如下：

resource imagecreate(int $width,int $height)

而 imagecreatetruecolor()函数可以创建一个基于真彩色的画布，但该函数不能用于 GIF 文件格式。imagecreatetruecolor()函数语法格式如下：

resource imagecreatetruecolor（int $width,int $height）

两个函数中的参数 width 和 height 分别指画布的宽和高。

3．设置颜色

设置颜色需要调用 imagecolorallocate()函数来完成，如果在图像中需要设置多个颜色，只需要多次调用该函数即可。imagecolorallocate()函数语法格式如下：

int imagecolorallocate(resource image,int red,int green, int blue)

参数说明：

image——一个图像源，即颜色是为哪幅图像设置的。

red——设置的颜色中的红色成分，取值为 0~255 的整数或者十六进制的 0x00~0xFF。

green——设置的颜色中的绿色成分，取值为 0~255 的整数或者十六进制的 0x00~0xFF。

blue——设置的颜色中的蓝色成分，取值为 0~255 的整数或者十六进制的 0x00~0xFF。

4．绘制图像

在 PHP 中用于绘制图像的函数非常丰富，包括点、线、各种几何图形等都可以通过 PHP 中提供的各种画图函数来完成，这里只介绍一些常用的图像绘制。这些图像绘制函数都是在画布上完成的。默认情况下，一个画布的坐标空间是使用画布的左上角（0，0）作为原点，x 值为向右增加，y 值为向下增加。坐标空间中的一个单位通常转换为像素，如图 3-8 所示。

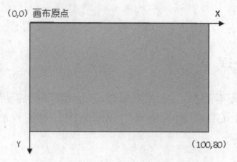

图 3-8 使用 PHP 绘制图像的坐标演示

5．生成图像

使用 GD 库中的函数绘制好图像以后，需要将图像输出到客户端浏览器或者保存到服务器端。

1）PHP 调用 imagegif()函数生成 gif 格式的图像。imagegif()函数语法如下：

```
bool imagegif(resource image[,string filename])
```

参数说明：

image——要保存的图像源。

filename——要保存的图像名，如果省略，则直接输出到浏览器。

2）PHP 调用 imagejpeg()函数生成 jpg 格式的图像。imagejpeg ()函数语法如下：

```
bool imagejpeg(resource image[,string filename[,int quality]])
```

参数说明：

quality——生成图像的画面质量。

3）PHP 调用 imagepng()函数生成 png 格式的图像。imagepng ()函数语法如下：

```
bool imagepng(resource image[,string filename])
```

以上几种用于输出图像的函数在使用时需要注意：如果希望 PHP 绘制的图像保存在本地服务器，则必须在第二个可选参数中指定一个文件名字符串，这样便不会将图像直接输出到浏览器了。否则，一定要在图像输出前，使用 header()函数发送标头信息，以通知浏览器生成正确的 MIME 类型，并对接收内容进行解析，让它知道我们发送的是图片而不是文本的 HTML。以下代码通过自动检测 GD 库支持的图像类型，来写出移植性更好的 PHP 程序。在生成验证码图像的文件 validationCode.php 中，生成图像的代码如下所示：

```php
private function outputImage() {
  if(imagetypes() & IMG_GIF) {
    header("Content-type:image/gif");
    imagepng($this->image);
  }else if(imagetypes() & IMG_JPG) {
    header("Content-type:image/jpeg");
    imagepng($this->image);
  }else if(imagetypes() & IMG_PNG) {
    header("Content-type:image/png");
    imagepng($this->image);
  }else if(imagetypes() & IMG_WBMP) {
    header("Content-type:image/vnd.wap.wbmp");
```

```
    imagepng($this->image);
  }else {
    die("PHP不支持图像创建");
  }
}
```

6. 释放资源

如果图像不再使用,一定要将其占用的内存资源和存储单元释放出来。图像的销毁过程十分简单,只需要 PHP 调用 imagedestroy()函数即可。imagedestroy()函数语法如下:

bool imagedestroy(resource image)

参数说明:

image——由图像创建函数返回的图像标示符。

如果该方法调用成功,就会释放与参数 image 相关联的内存。

3.6 小结

本章介绍了投票系统的整个开发过程。投票系统是最常见的利用 PHP 开发的 Web 应用实例,具有使用量大、参与人数多等特点。在学习本章时,需要先理解整个系统的框架,再仔细阅读每一个小模块的相关代码,才能完全掌握整个投票系统的运行模式。

第 4 章 内容管理系统的设计与实现

本章将介绍一个内容管理系统的设计开发过程，该系统包含了内容发布、分类、查看、修改、删除等功能。通过对本章的学习，读者能够了解内容管理系统的常用功能，掌握面向对象程序设计的基本方法以及使用 Smarty 等模板进行开发的步骤，并能够灵活运用多种技术开发出一套完整的内容管理系统。

4.1 需求分析

4.1.1 需求概述

内容管理系统（Content Management System）是指用于管理数字内容的系统。内容是任何类型的数字信息，可以是文本、图形图像、Web 页面、业务文档、数据库表单、视频、声音、XML 文件等，是一种位于 Web 端（Web 服务器）和后端业务应用系统、办公系统或流程（内容创作、编辑）之间的软件系统。内容管理系统一般由文档模板、脚本语言或标记语言和数据库的集成构成。

内容管理系统其实是一个很广泛的称呼，一般的博客系统、新闻发布系统以及综合性的网站管理系统都可以称为内容管理系统。本节将以一个简易的新闻发布系统来介绍内容管理系统的实现过程。新闻系统是内容管理系统的重要形式，目前已经被广泛地应用在众多站点中。本节将采用 B/S 模式进行开发，使用 PHP 作为开发工具，实现用户对新闻的查看、发表、删除、修改等功能。

4.1.2 功能需求

一个完整的内容管理系统应该至少包含内容管理、分类管理、统计 3 个最基本的功能，如图 4-1 所示。

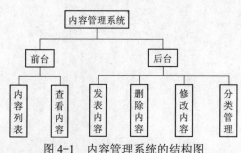

图 4-1 内容管理系统的结构图

1）内容管理功能：发布新的内容，删除和修改已经发布过的内容。

2）分类管理功能：设置内容的分类，可以添加、删除、修改分类等。

3）统计功能：可以统计内容的阅读次数等。

4.1.3 系统模块划分

根据系统的功能需求，将系统划分为四大模块：公共模块、内容管理模块、栏目管理模块和列表展示模块。

1）公共模块主要包含数据库连接页面、顶部和底部广告版权页面、数据库类、Smarty类、文章类和栏目类等经常使用到的代码。这些公共模块在开发的过程中一般首先实现，然后在任何需要它们的地方使用 include 标签包含进来。

2）内容管理模块主要用于完成内容的添加、内容的删除和内容的修改。

3）栏目管理模板主要用于完成栏目的添加、栏目的删除和栏目的修改。

4）列表展示模块主要完成文章列表显示、分栏目文章列表显示、首页展示等功能。

4.2 系统数据库的设计与实现

4.2.1 数据库的逻辑设计

内容管理系统的 3 个数据表结构信息见表 4-1～表 4-3。

表 4-1　users（用户表）

字 段 名	数 据 类 型	是否允许为空	描 述	备 注
user_id	自动编号	否	用户编号	主键
user_name	varchar (60)	否	用户名	
password	varchar (32)	是	密码	
last_login	datetime	是	最后一次登录时间	
last_ip	varchar (15)	是	最后一次登录 IP	
visit_count	int (5)	是	登录次数	

表 4-2　article（文章表）

字 段 名	数 据 类 型	是否允许为空	描 述	备 注
a_id	自动编号	否	正文编号	主键
c_id	int (6)	否	分类编号	外键
title	varchar (60)	是	文章标题	
content	text	是	文章正文	
tags	varchar (200)	是	关键字	
hits	int (8)	是	点击数	

表 4-3 category（分类表）

字 段 名	数 据 类 型	是否允许为空	描 述	备 注
c_id	自动编号	否	分类编号	主键
p_id	int (6)	否	上级分类编号	
c_name	varchar (16)	否	分类名称	

4.2.2 数据库操作脚本

1. 创建数据库

CREATE DATABASE' news' DEFAULT CHARACTER SET gbk COLLATE gbk_chinese_ci;
USE'news';

2. 创建数据表

创建数据表 users，代码如下所示：

```
CREATE TABLE 'users' (
  'user_id' mediumint(8) unsigned NOT NULL auto_increment,
  'user_name' varchar(60) NOT NULL default '',
  'password' varchar(32) NOT NULL default '',
  'last_login' datetime NOT NULL,
  'last_time' datetime NOT NULL default '0000-00-00 00:00:00',
  'last_ip' varchar(15) NOT NULL default '',
  'visit_count' smallint(5) unsigned NOT NULL default '0',
  PRIMARY KEY    ('user_id'),
  UNIQUE KEY 'user_name' ('user_name'),
  KEY 'email' ('email'),
  KEY 'parent_id' ('parent_id'),
  KEY 'flag' ('flag')
) ENGINE=MyISAM   DEFAULT CHARSET=utf8 AUTO_INCREMENT=7 ;
```

创建数据表 article，代码如下所示：

```
CREATE TABLE 'article' (
  'a_id' int(11) NOT NULL auto_increment,
  'c_id' int(6) NOT NULL,
  'title' varchar(60) NOT NULL,
  'source' varchar(200) NOT NULL,
  'content' mediumtext NOT NULL,
  'tags' varchar(200) NOT NULL,
  'hits' int(8) NOT NULL,
  'time' datetime NOT NULL,
  'top' tinyint(1) NOT NULL,
  PRIMARY KEY    ('a_id')
) ENGINE=MyISAM   DEFAULT CHARSET = gbk AUTO_INCREMENT=53 ;
```

创建数据表 category，代码如下所示：

```
CREATE TABLE 'category' (
  'c_id' mediumint(8) NOT NULL auto_increment,
  'p_id' mediumint(8) NOT NULL,
  'c_name' varchar(16) NOT NULL,
  PRIMARY KEY    ('c_id')
) ENGINE=MyISAM   DEFAULT CHARSET=gbk AUTO_INCREMENT=20 ;
```

4.3 系统实现

4.3.1 公共模块

在大型系统中，数据库连接、顶部广告、底部版权、常用 Script 脚本等通常会被多次使用，为了提高代码的重用性、一致性、可靠性，这些内容可以写入公共模块，在需要使用的页面进行调用即可。下面是从本系统中归纳出的几个公共模块。

1. Smarty 模板类

Smarty 是一个用 PHP 写出来的模板引擎，是目前业界最著名的 PHP 模板引擎之一。它分离了逻辑代码和外在的内容，提供了一种易于管理和使用的方法，用来将原本与 HTML 代码混杂在一起 PHP 代码逻辑分离。简单地讲，其目的就是要使 PHP 程序员同前端人员分离，使程序员改变程序的逻辑内容不会影响到前端人员的页面设计，前端人员重新修改页面也不会影响到程序的逻辑，这在多人合作的项目中显得尤为重要。

用户可以直接从 Smarty 官网（http://www.smarty.net/）下载最新版本的 Smarty，解压出 libs 目录放入网站目录中，在需要使用 Smarty 模板时包含进网页文件就可以了，包含方法见"公共包含文件"。

2. MySQL 数据库连接类

PHP 语言提供了非常多的数据库函数，用户完全可以通过这些函数来连接数据库，并在数据表中进行插、删、改操作。但在实际开发过程中，有些操作用户经常需要用到，这样就需要在每个用到该操作的页面都写相同的代码，如此一来代码的重用性就不高，而且增加了代码编写的难度，好的解决方法就是自己编写数据库类。另外，如果某天用户要更换数据库，例如换成 SQL Server 或 Oracle，那么只需要修改该类就可以了，不必在所有页面中都修改代码。除此之外还有很多的好处，读者可以慢慢体会。下面是本项目中使用的数据库类。

```php
<?php
class cls_mysql
{//连接标识
protected $link_id;
//构造器，用来创建和数据库的连接
    public function __construct($dbhost, $dbuser, $dbpw, $dbname = '', $charset = 'utf8')
    {
        if(!($this->link_id = mysql_connect($dbhost, $dbuser, $dbpw)))
        {
            $this->ErrorMsg("Can't Connect MySQL Server($dbhost)!");
        }
        //设置输出的字符编码
        mysql_query("SET NAMES " . $charset, $this->link_id);
        if ($dbname)
        {
            if (mysql_select_db($dbname, $this->link_id) === false )
            {
                $this->ErrorMsg("Can't select MySQL database($dbname)!");
```

```php
                return false;
            }
            else
            {
                return true;
            }
        }
    }
    //选择数据库
    public function select_database($dbname)
    {
        return mysql_select_db($dbname, $this->link_id);
    }
    //返回根据结果集中的某一行所生成的关联数组
    public function fetch_array($query, $result_type = MYSQL_ASSOC)
    {
        return mysql_fetch_array($query, $result_type);
    }
    //执行SQL语句
    public function query($sql)
    {
        return mysql_query($sql, $this->link_id);
    }
    //返回最近一次因SQL操作所影响的记录的行数
    public function affected_rows()
    {
        return mysql_affected_rows($this->link_id);
    }
    //返回结果集中的行数
    public function num_rows($query)
    {
        return mysql_num_rows($query);
    }
    //函数返回由上一步 INSERT 操作产生的 ID
    public function insert_id()
    {
        return mysql_insert_id($this->link_id);
    }
        //返回指定个数的记录集
    public function selectLimit($sql, $num, $start = 0)
    {
        if ($start == 0)
        {
            $sql .= ' LIMIT ' . $num;
        }
        else
        {
            $sql .= ' LIMIT ' . $start .',' . $num;
        }
        return $this->query($sql);
```

```php
    }
        //返回SQL查询的一个值
        public function getOne($sql, $limited = false)
        {
            if ($limited == true)
            {
                $sql = trim($sql . ' LIMIT 1');
            }

            $res = $this->query($sql);
            if ($res !== false)
            {
                $row = mysql_fetch_row($res);

                return $row[0];
            }
            else
            {
                return false;
            }
        }
        //返回根据结果集中的某一行所生成的关联数组
        public function getrow($sql)
        {
            $res = $this->query($sql);
            if ($res !== false)
            {
                return mysql_fetch_assoc($res);
            }
            else
            {
                return false;
            }
        }
        //返回根据整个结果集所生成的关联数组
        public function getAll($sql)
        {
            $res = $this->query($sql);
            if ($res !== false)
            {
                $arr = array();
                while ($row = mysql_fetch_assoc($res))
                {
                    $arr[] = $row;
                }

                return $arr;
            }
            else
            {
```

```php
                return false;
        }
}
//输出错误信息
function ErrorMsg($message = '', $sql = '')
{
        if ($message)
        {
                echo "<b>error info</b>: $message\n\n";
        }
        else
        {
                echo "<b>MySQL server error report:";
                print_r($this->error_message);
        }
        exit;
    }
}
?>
```

3. category 栏目类和 article 文章类

```php
<?php
class category
{
        public $pid;
        public $cid;
        public $Cname;
        //获得所有栏目
        public function getAll()
        {
                global $db;
                $sql  = "select * from category";
                $cates= $db->getAll($sql);

                return $cates;
        }

        //获得所有上级栏目
        public function getPids($cid)
        {
                global $db;
                $pid[] = $cid;
                while($cid > 0)
                {
                        $sql = "select p_id from category where c_id ='" . $cid . "'";
                        $pid[] = $cid = $db->getOne($sql);
                }

                asort($pid);
                return $pid;
```

```php
        }

        //输出js语句
        public function show($cids)
        {
            global $db;
            $sql = "select * from category where p_id in (" . $cids . ") order by c_id asc";
            $cates = $db->getAll($sql);
            $js_text = "var vararr =new Array();".chr(10);

            $i = 0;
            foreach($cates as $cate)
            {
                $js_text .= "vararr[$i] = ['$cate[c_name]','$cate[c_id]','$cate[p_id]'];".chr(10);
                $i++;
            }
            return $js_text;
        }

        //输出"您的位置"
        public function ur_here($cids)
        {
            global $db;
            $sql = "select * from category where c_id in (" . $cids . ") order by c_id asc";
            $cates = $db->getAll($sql);
            $ur_here = "<a href=index.php>首页</a>";
            foreach($cates as $cate)
            {
                $ur_here .= " -> <a href=cate.php?cid=" . $cate['c_id'] . ">" . $cate['c_name'] . "</a>";
            }
            return $ur_here;
        }

        //获得所有下级分类
        public function getSubCids($cid)
        {
            global $db;
            $cids = array($cid);
            $num_n = 1;

            do
            {
                $num= $num_n;
                $sql = "select c_id from category where p_id in (" . implode(",", $cids) . ") or c_id='" . $cid . "' order by c_id asc";
                $cates = $db->getAll($sql);
                $num_n = count($cates);

                $cids = array();
                foreach($cates as $cate
```

```php
            {
                $cids[] = $cate['c_id'];
            }
        }while($num_n > $num);

        return $cids;
    }

    //获取一个指定分类
    public function getCate($cid)
    {
        global $db;
        $sql = "select * from category where c_id='" . $cid . "'";
        $cat = $db->getRow($sql);
        $this->pid = $cat['p_id'];
        $this->Cname = $cat['c_name'];
    }

    //获取当前cname的属性值
    public function getCname()
    {
        return $this->Cname;
    }

    //增加一个分类
    public function add($pid, $name)
    {
        global $db;
        $sql = "insert into category (p_id,c_name) values ('" . $pid . "','" . $name . "')";
        $db->query($sql);
    }

    //修改指定分类
    public function mod($pid, $name, $cid)
    {
        global $db;
        $sql = "update category set p_id='" . $pid . "',c_name='" . $name . "' where c_id='" . $cid . "'";
        $db->query($sql);

    }

    //删除指定分类
    public function del($cid)
    {
        global $db;
        $sql = "delete from category where c_id='" . $cid . "'";
        $db->query($sql);
    }
}
```

```php
class article
{
    //检查指定文章是否存在
    public function isExist($aid)
    {
        global $db;
        $sql  = "select count(*) from article where a_id='" . $aid . "'";
        $num= $db->getOne($sql);

        if($num > 0)
        {
            return true;
        }
        else
        {
            return false;
        }
    }

    //栏目目录
    public function cate($aids, $limit=15)
    {
        global $db;
        $sql = "select a_id,title,time,hits from article where a_id in (" . $aids . ") order by id desc limit " .$limit;
        $cate = $db->getAll($sql);
        return $cate;
    }

    //新闻数量
    public function getNums($aids=0)
    {
        global $db;
        $sql = "select count(*) from article";
        //默认为全站的新闻数量

        if ($aids <> 0)
        {//指定栏目下的新闻数量
            $sql .= " where c_id in (" . $aids . ")";
        }
        $num = $db->getOne($sql);
        return $num;
    }


    //最热新闻,默认15条
    public function getHots($len=18, $aids=0, $limit=15)
    {
        global $db;
        $sql = "select a.a_id,a.c_id,left(a.title," . $len . ") as title,a.time,a.hits,c.c_name as cate from article
```

```php
a left join category c on a.c_id=c.c_id";
            //全站
            if($aids<>0)
            {//栏目
                $sql .= " where a.c_id in (" . $aids . ")";
            }
            $sql .= " order by a.hits desc limit " .$limit;

            $news = $db->getAll($sql);
            return $news;
        }

        //最新新闻,默认15条
        public function getLatest($len=18, $aids=0, $limit=15)
        {
            global $db;

            $sql = "select a.a_id,a.c_id,left(a.title," . $len . ") as title,a.time,a.hits,c.c_name as cate from article a left join category c on a.c_id=c.c_id";
            //全站
            if($aids<>0)
            {//栏目
                $sql .= " where a.c_id in (" . $aids . ")";
            }
            $sql .= " order by a.a_id desc limit " .$limit;

            $news = $db->getAll($sql);
            return $news;
        }

        //头条新闻
        public function getTheToppestNews()
        {
            global $db;
            $sql = "select a_id,left(title,18) as title,content from article where top=1 order by a_id desc limit 1";

            $news = $db->getRow($sql);
            return $news;
        }

        //头条新闻图片
        public function getTopImage($content)
        {
            preg_match_all('|src="(.*)"|', $content, $matchs);
            return $matchs[1][0];
        }

        //头条新闻摘要
        public function getTopContent($content)
        {
```

```php
            preg_match_all('|正文开始(.*)正文结束|', str_replace(chr(10), "", $content), $matchs);
            return $matchs[1][0];
        }

        //置顶新闻目录
        public function getTopNews($limit=3)
        {
            global $db;
            $sql = "select a_id,left(title,18) as title from article where top=1 order by a_id desc limit " .$limit;
            $cate = $db->getAll($sql);
            return $cate;
        }

        //显示文章正文
        public function show($aid)
        {
            global $db,$smarty;
            $sql = "update article set hits=hits+1 where a_id='" . $aid . "'";
            $db->query($sql);
            $sql = "select * from article where a_id ='" . $aid . "'";
            $art = $db->getRow($sql);
            return $art;
        }

        //增加文章
        public function add()
        {
            global $db;
            foreach($_POST as $key=>$value)
            {
                $_POST[$key] = trim($value);
            }
            if($_POST['a_top']<>1){$_POST['a_top']=0;}
            $sql = "insert into article (c_id,title,source,content,tags,hits,time,top) values ('" . $_POST['s0'] . "','" . $_POST['a_title'] . "','" . $_POST['a_source'] . "','" . $_POST['content'] . "','" . $_POST['a_tags'] . "','0',now(),'" . $_POST['a_top'] . "')";
            $db->query($sql);
        }

        //修改指定文章
        public function mod($aid)
        {
            global $db;
            foreach($_POST as $key=>$value)
            {
                $_POST[$key] = trim($value);
            }
            $sql = "update article set c_id='" . $_POST['s0'] . "',title='" . $_POST['a_title'] . "',source='" . $_POST['a_source'] . "',content='" . $_POST['content'] . "',tags='" . $_POST['a_tags'] . "',top='" . $_POST['a_top'] . "' where a_id='" . $aid . "'";
```

```php
        $db->query($sql);
    }

    //删除指定文章
    public function del($aid)
    {
        global $db;
        $sql = "delete from article where a_id='" . $aid . "'";
        $db->query($sql);
    }

}
?>
```

这两个类的方法包含了系统对文章和栏目的所有操作，本书将在 4.3.2 和 4.3.3 两节中分别进行详细介绍。

4．公共包含文件

```php
<?php
    require 'cls_mysql.php';
    //包含数据库连接类
    require 'libs/Smarty.class.php';
    //包含Smarty模板类
    require 'cls_article.php';
    //包含新闻类和栏目类
    //实例化cls_mysql数据库类，localhost是数据库的地址，root是数据库的用户名，123 456是数据库的密码，news是数据库名，用户需根据实际情况进行修改
    $db = new cls_mysql("localhost","root","123 456","news");
    $db->query("set names gbk");
    $smarty = new Smarty; //实例化Smarty模板类
    $smarty->compile_check = true;
    $smarty->debugging = false;
    $cate= new category();    //实例化栏目类
    $article= new article();    //实例化文章类
?>
```

5．AJAX 相关功能

AJAX（Asynchronous JavaScript and XML，异步 JavaScript 和 XML）是指一种创建交互式网页应用的网页开发技术。这里用户不需要理解 AJAX 的工作模式，能够简单地加以应用即可。AJAX 技术的使用可以让用户在浏览网页的时候减少刷新的次数和等待的时间，这样便大大提升了用户体验。详细的使用方法将在 4.5 节相关技能知识点处介绍。

```javascript
//建立AJAX 对象
function InitAjax()
{
    var ajax=null;
    try{
        ajax= new ActiveXObject('Msxml2.XMLHTTP');
    }catch(e){
        try{
```

```
                ajax= new ActiveXObject('Microsoft.XMLHTTP');
            }catch(e){
                try{
                    ajax= new XMLHttpRequest();
                }catch(e){}
            }
        }
        return ajax;
    }

//AJAX应用实体
function sendajax( sURL , obj, pdata)
{
    var ajax = InitAjax();
    if( pdata == false)
    {
        ajax.open('GET', sURL, true);
        ajax.send(null);
    }else{
        ajax.open('POST', sURL, true);
        ajax.setRequestHeader("Content-Type","application/x-www-form-urlencoded");
        ajax.send( pdata );
    }
    ajax.onreadystatechange = function() {
        if(ajax.readyState == 4 )
        {
            if (ajax.status != 200)
            {
                self.status="访问出错,请重试!";
            }else{
                eval(ajax.responseText);
                obj.innerHTML = ajax.responseText;
                delete ajax;
                ajax=null;
                CollectGarbage();
            }
        }
    }
}
```

4.3.2 内容管理模块

1. 发布文章

1) article 文章类，add 方法创建文章，相关代码如下。

```
class article
{
    //创建文章
    public function add()
    {
        global $db;
```

```
            foreach($_POST as $key=>$value)
            {
                $_POST[$key] = trim($value);
            }
            if($_POST['a_top']<>1){$_POST['a_top']=0;}
            $sql = "insert into article (c_id,title,source,content,tags,hits,time,top) values ('" . $_POST['s0'] . "','" . $_POST['a_title'] . "','" . $_POST['a_source'] . "','" . $_POST['content'] . "','" . $_POST['a_tags'] . "','0',now(),'" . $_POST['a_top'] . "')";
            $db->query($sql);
        }
    }
```

2）发布文章静态模板页 news_edit.htm。

news_edit.html 页面是 Smarty 模板页面，位于/templates 路径下，Smarty 的所有模板文件都位于这个目录下。有关 Smarty 的详细使用方法，将在 4.5 节相关技能知识点处介绍。

相关代码如下：

```
{include file="page_header.htm"}
    <div class="adm_main">
    <form name="fform" action="{$act_to}" method="post">
    <table align="center" width="98%" border="0" cellpadding="0" cellspacing="0">
        <tr>
            <td width="60" align="right">当前操作：</td>
            <td>{$html_title}</td>
        </tr>
        <tr>
            <td align="right">栏目：</td>
            <td><div id="s0"></div></td>
        </tr>
        <tr>
            <td align="right">标题：</td>
            <td><input type="text" name="a_title" size="70" value="{$a_title}" /></td>
        </tr>
        <tr>
            <td align="right">来源：</td>
            <td><input type="text" name="a_source" size="70" value="{$a_source}" /></td>
        </tr>
        <tr>
            <td align="right">标签：</td>
            <td><input type="text" name="a_tags" size="70" value="{$a_tags}" /></td>
        </tr>
        <tr>
            <td align="right">头条：</td>
            <td><input type="checkbox" name="a_top" value="1" {if $a_top}checked{/if} />（备注：头条新闻需为图片新闻，正文内容以"正文开始"开始，以"正文结束"结束。）</td>
        </tr>
        <tr>
            <td valign="top" align="right">正文：</td>
            <td>{$content}</td>
        </tr>
        <tr>
```

```
                <td colspan="2" align="center" height="50"><input type="hidden" name="s0" value="0" /><input type="hidden" name="aid" value="{$aid}" /><input type="submit" name="ok" value="{$submit}" /></td>
            </tr>
        </table>
    </form>
</div>
{include file="page_footer.htm"}
```

3）admin.php 中，news_add 动作显示添加新闻的表单页。

news_add 动作在显示表单页的时候使用了上面提到的模板文件 news_edit.htm，因为在 news_edit.htm 中使用了一个名为 FCKeditor 的可视化 HTML 编辑器，需要引用 fckeditor.php 文件。这个编辑器是目前比较流行的 HTML 编辑器之一，有多种语言版本，新版本更名为"CKEditor"，官方网站为"http://ckeditor.com"，在下载包中有很多官方提供的案例，读者可以自己查看。

相关代码如下：

```php
<?php
    require("inc.php");
    $action= trim($_GET['action']) ? trim($_GET['action']) : "news_list";
    
    switch($action)
    {
        case 'news_add':
            require 'FCKeditor/fckeditor.php';
            $editor = new FCKeditor('content') ;
            $editor->BasePath = 'FCKeditor/';
            $editor->Height = 500;
            $smarty->assign('html_title','添加新文章');
            $smarty->assign('submit','添加');
            $smarty->assign('act_to','admin.php?action=news_add_save');
            $pids = array(0,-1);
            $smarty->assign('pids',implode(',',$pids));
            $smarty->assign('js_text',$cate->show(implode(',',$pids)));
            $smarty->assign('content',$editor->CreateHtml());
            $smarty->display('news_edit.htm');
            break;
    }
?>
```

4）admin.php 中，news_add_save 动作将表单中的值写入数据库 article 表。

写入数据库的时候，使用了 1）中介绍的$article 对象的 add 方法，这个方法会把表单值写入数据库，最后通过 header 方法将页面跳转到 news_list 动作，即添加完成后显示文章列表。

相关代码如下：

```php
<?php
    require("inc.php");
    $action= trim($_GET['action']) ? trim($_GET['action']) : "news_list";
    
    switch($action)
    {
```

```
            case 'news_add_save':
                    $article->add();
                    header("Location:admin.php?action=news_list");
                    break;
            }
?>
```

2．修改文章

1）article 文章类，mod 方法编辑、修改文章，相关代码如下。

```
class article
{
        //修改指定文章
        public function mod($aid)
        {
            global $db;
            foreach($_POST as $key=>$value)
            {
                $_POST[$key] = trim($value);
            }
            $sql = "update article set c_id='" . $_POST['s0'] . "',title='" . $_POST['a_title'] . "',source='" . $_POST['a_source'] . "',content='" . $_POST['content'] . "',tags='" . $_POST['a_tags'] . "',top='" . $_POST['a_top'] . "' where a_id='" . $aid . "'";
            $db->query($sql);
        }
}
```

2）发布文章静态模板页 news_edit.htm。

细心的读者肯定会发现，这里怎么又出现了 news_edit.htm 模板页？是的，这个页面和发布文章时所用的页面是同一个模板文件，那是因为修改页面实际上和发布页面在页面布局上是一样的，所不同的只是修改页面在打开时表单控件上已经有了从数据库中读取的值，而发布文章时表单是空的。既然这样，当然可以使用同一个模板文件了，这里就不再列出文件的内容了。

3）admin.php 中，news_mod 动作显示添加新闻的表单页。

同样是调用 news_edit.htm 模板页，和 news_add 动作比起来，只是多了几条向表单控件填入初始值的语句。

相关代码如下：

```
<?php
    require("inc.php");
    $action= trim($_GET['action']) ? trim($_GET['action']) : "news_list";

    switch($action)
    {
    case 'news_mod':
            require 'FCKeditor/fckeditor.php';
            $editor = new FCKeditor('content') ;
            $editor->BasePath = 'FCKeditor/';
            $editor->Height = 500;
            $aid   = trim($_GET['aid']);
            $sql   = "select * from article where a_id ='" . $aid . "'";
            $art   = $db->getRow($sql);
```

```
                $cate->getCate($art['c_id']);
                $pids = $art['c_id'] > 0 ? $cate->getPids($art['c_id']) : array(0, -1);
            $smarty->assign('a_title',$art['title']);
            $smarty->assign('a_source',$art['source']);
            $smarty->assign('a_tags',$art['tags']);
            $smarty->assign('a_top',$art['top']);
                $editor->Value = $art['content'];
            $smarty->assign('content',$editor->CreateHtml());
            $smarty->assign('aid',$aid);
            $smarty->assign('html_title','更改文章内容');
            $smarty->assign('submit','更改');
            $smarty->assign('act_to','admin.php?action=news_mod_save');
            $smarty->assign('pids',implode(',',$pids));
            $smarty->assign('js_text',$cate->show(implode(',',$pids)));
            $smarty->assign('cate_name',$cate->getCname());
                $smarty->display('news_edit.htm');
                break;
}
?>
```

4）admin.php 中，news_mod_save 动作将表单中的值更新写入数据库 article 表。从表单中接收到值后，调用$article 对象的 mod 方法修改指定 aid 的文章内容。相关代码如下：

```
<?php
    require("inc.php");
    $action = trim($_GET['action']) ? trim($_GET['action']) : "news_list";

    switch($action)
    {
        case 'news_mod_save':
            $article->mod(trim($_POST['aid']));
            header("Location:admin.php?action=news_list");
            break;
    }
?>
```

3. 删除文章

1）article 文章类，del 方法删除指定 aid 的文章，相关代码如下。

```
class article
{
    //删除指定文章
    public function del($aid)
    {
        global $db;
        $sql = "delete from article where a_id='" . $aid . "'";
        $db->query($sql);
    }
}
```

2）admin.php 中，news_del 动作将对应 aid 的文章删除。

删除文章时不需要页面展示，所以这部分没有表单页，当然也不需要模板页。在接收到文章 aid 后，调用$article 对象的 del 方法，将指定 aid 的文章删除。
相关代码如下：

```php
<?php
    require("inc.php");
    $action = trim($_GET['action']) ? trim($_GET['action']) : "news_list";

    switch($action)
    {
        case 'news_del':
            $article->del(trim($_GET['aid']));
            header("Location:admin.php?action=news_list");
            break;
    }
?>
```

4.3.3 栏目管理模块

栏目管理模块无外乎也是栏目的展示、插入、删除和修改，这些和上一节内容管理模块比较类似，不再过多累述，读者可以将两者进行对比。

1．栏目展示

1）category 栏目类，show 方法列出栏目。

show 方法的目的是从 category 表中列出栏目。要输出成 JavaScript 语句的原因是模板页将要通过 javaScript 的方式，在下拉列表中动态显示栏目名称，还需要使用 AJAX 传递数值。关于 AJAX 的部分，将在 4.5 节相关技能知识点处详细介绍。

相关代码如下：

```php
<?php
class category
{
    public $pid;
    public $cid;
    public $Cname;
            //输出js语句
    public function show($cids)
    {
        global $db;
        $sql = "select * from category where p_id in (" . $cids . ") order by c_id asc";
        $cates = $db->getAll($sql);
        $js_text = "var vararr =new Array();".chr(10);

        $i = 0;
        foreach($cates as $cate)
        {
            $js_text .= "vararr[$i] = ['$cate[c_name]','$cate[c_id]','$cate[p_id]'];".chr(10);
            $i++;
        }
        return $js_text;
    }
```

```
    }
?>
```

2）栏目展示静态模板页 cate_admin.htm。

在静态页中调用了 JavaScript 里的 mod 和 del 函数，这两个函数在网页的头文件中已经被包含了，篇幅有限，读者可以查看本项目的源代码。

相关代码如下：

```
{include file="page_header.htm"}
        <div class="adm_main">
        <form name="fform" action="{$act_to}" method="post">
            <table border="0" cellpadding="0" cellspacing="0">
                <tr>
                    <td width="100" align="right">当前操作：</td>
                    <td>{$html_title}</td>
                </tr>
                <tr>
                    <td align="right">当前类别：</td>
                    <td><div id="s0"></div></td>
                </tr>
                <tr>
                    <td align="right">操作：</td>
                    <td>
                        <input type="button" value="修改" onclick="mod()" />
                        <input type="button" value="删除" onclick="del()" />
                    </td>
                </tr>
                <tr>
                    <td align="right"> </td>
                    <td>
                        <input type="hidden" name="s0" value="0" />
                    </td>
                </tr>
            </table>
        </form>
        </div>
{include file="page_footer.htm"}
```

3）admin.php 中，cate_admin 动作列出项目，相关代码如下。

```
<?php
    require("inc.php");
    $action = trim($_GET['action']) ? trim($_GET['action']) : "news_list";

    switch($action)
    {
    case 'cate_admin':
        $smarty->assign('html_title','项目管理');
        $pids = array(0,-1);
        $smarty->assign('pids',implode(',',$pids));
        $smarty->assign('js_text',$cate->show(implode(',',$pids)));
        $smarty->display('cate_admin.htm');
        break;
```

```
            }
?>
```

2．添加栏目

1）category 栏目类，add 方法添加栏目，相关代码如下。

```
<?php
class category
{
    public $pid;
    public $cid;
    public $Cname;
    //增加一个栏目
    public function add($pid, $name)
    {
        global $db;
        $sql = "insert into category (p_id,c_name) values ('" . $pid . "','" . $name . "')";
        $db->query($sql);
    }
}
?>
```

2）栏目添加静态模板页 cate_edit.htm，相关代码如下。

```
{include file="page_header.htm"}
        <div class="adm_main">
        <form name="fform" action="{$act_to}" method="post">
            <table border="0" cellpadding="0" cellspacing="0">
                <tr>
                    <td width="100" align="right">当前操作：</td>
                    <td>{$html_title}</td>
                </tr>
                <tr>
                    <td align="right">上级类别：</td>
                    <td><div id="s0"></div></td>
                </tr>
                <tr>
                    <td align="right">目录名称：</td>
                    <td>
                        <input name="cate_name" size="50" type="text" value="{$cate_name}" />
                        <input name="top" type="checkbox" value="1" />
                        作为顶级目录
                    </td>
                </tr>
                <tr>
                    <td></td>
                    <td>
                        <input type="hidden" name="s0" value="0" />
                        <input type="hidden" name="cid" value="{$cid}"   />
                        <input type="submit" name="ok" value="{$submit}" />
                    </td>
                </tr>
            </table>
```

```
        </form>
    </div>
{include file="page_footer.htm"}
```

3）admin.php 中，cate_add 动作显示添加新闻的表单页，相关代码如下。

```php
<?php
    require("inc.php");
    $action = trim($_GET['action']) ? trim($_GET['action']) : "news_list";

    switch($action)
    {
    case 'cate_add':
        $smarty->assign('html_title','添加新项目');
        $smarty->assign('submit','添加');
        $smarty->assign('act_to','admin.php?action=cate_add_save');
            $pids = array(0,-1);
        $smarty->assign('pids',implode(',',$pids));
        $smarty->assign('js_text',$cate->show(implode(',',$pids)));

            $smarty->display('cate_edit.htm');
            break;
    }
?>
```

4）admin.php 中，cate_add_save 动作将表单中的值更新写入数据库 category 表，相关代码如下。

```php
<?php
    require("inc.php");
    $action = trim($_GET['action']) ? trim($_GET['action']) : "news_list";

    switch($action)
    {
        case 'cate_add_save':
            $cate->add($_POST['top'] == 1?0:$_POST['s0'],$_POST['cate_name']);
            header("Location:admin.php?action=cate_add");
            break;
    }
?>
```

3．修改栏目

1）category 栏目类，mod 方法修改栏目，相关代码如下。

```php
<?php
class category
{
    public $pid;
    public $cid;
    public $Cname;
    //修改指定栏目
    public function mod($pid, $name, $cid)
    {
        global $db;
```

```php
        $sql = "update category set p_id='" . $pid . "',c_name='" . $name . "' where c_id='" . $cid . "'";
        $db->query($sql);
    }
}
?>
```

2）栏目修改静态模板页 cate_mod.htm。和之前讲过的文章修改静态页一样，栏目修改静态页和栏目添加静态页是同一个模板文件，此处不再列出。

3）admin.php 中，cate_mod 动作显示添加新闻的表单页，相关代码如下。

```php
<?php
    require("inc.php");
    $action = trim($_GET['action']) ? trim($_GET['action']) : "news_list";

    switch($action)
    {
        case 'cate_mod':
            $cid = trim($_GET['cid']);
            $cate->getCate($cid);
            $pids = $cate->getPids($cid);
            if(count($pids)>2)//顶级分类
            {
                array_pop($pids);
            }

            $smarty->assign('html_title','更改项目');
            $smarty->assign('submit','更改');
            $smarty->assign('act_to','admin.php?action=cate_mod_save');
            $smarty->assign('cid',"$cid");
            $smarty->assign('pids',implode(',',$pids));
            $smarty->assign('js_text',$cate->show(implode(',',$pids)));
            $smarty->assign('cate_name',$cate->getCname());
            $smarty->display('cate_edit.htm');
            break;
    }
?>
```

4）admin.php 中，cate_mod_save 动作将表单中的值更新写入数据库 category 表，相关代码如下。

```php
<?php
    require("inc.php");
    $action = trim($_GET['action']) ? trim($_GET['action']) : "news_list";

    switch($action)
    {
        case 'cate_mod_save':
            $pid = $_POST['top']==1?0:trim($_POST['s0']);
            if($pid<>trim($_POST['cid']))
            {
                $cate->mod($pid,trim($_POST['cate_name']),trim($_POST['cid']));
            }
            header("Location:admin.php?action=cate_mod&cid=" . trim($_POST['cid']));
```

```
                break;
        }
?>
```

4．删除栏目

1）category 栏目类，del 方法删除栏目，相关代码如下。

```
<?php
class category
{
        public $pid;
        public $cid;
        public $Cname;
        ///删除指定栏目
        public function del($cid)
        {
            global $db;
            $sql = "delete from category where c_id='" . $cid . "'";
            $db->query($sql);
        }
}
?>
```

2）admin.php 中，cate_del 动作将对应 cid 的栏目删除，相关代码如下。

```
<?php
        require("inc.php");
        $action = trim($_GET['action']) ? trim($_GET['action']) : "news_list";

        switch($action)
        {
              case 'cate_del':
                    $cate->del(trim($_GET['cid']));
                    header("Location:admin.php?action=cate_admin");
                    break;              }
?>
```

4.3.4 列表展示模块

1．文章列表

在后台的文章列表中，为了方便管理员管理文章，一般分页列出文章标题，然后在后面加上修改和删除的超链接，如图 4-2 所示。

类别	新闻标题	操作
国内新闻	日媒：中国海警船第一次进入钓鱼岛海域巡航	修改 删除
国内新闻	习近平：要对党内作风之弊来次大扫除	修改 删除
海南新闻	三亚楼盘9年未交房 业主送住建局"不作为"锦旗	修改 删除
海南新闻	海南鸡饭被评选为最能代表新加坡的美食	修改 删除
海南新闻	海口部分天桥名牌遭广告"遮脸"、被绿化带掩盖	修改 删除

图 4-2　文章列表

具体的实现步骤如下：

1）content 类的 getNums 方法获得新闻数量。该方法有一个参数 aids，默认值是 0。如果传递的参数是 0 或空,则列出的将是所有栏目的文章;如果传递的参数不为 0 或空。则列出对应编号栏目下的文章。相关代码如下:

```php
class article
{ public function getNums($aids=0)
    {
        global $db;
        $sql = "select count(*) from article";
        //默认为全站新闻数量
        if ($aids <> 0)
        {//指定栏目下新闻的数量
            $sql .= " where c_id in (" . $aids . ")";
        }
        $num = $db->getOne($sql);
        return $num;
    }
}
```

2)文章列表的模板页面 news_list.htm。文章修改和删除的操作之前都已介绍,这里通过超链接跳转到之前做过的 news_mod 和 news_del 动作,完成修改和删除工作。相关代码如下:

```
{include file="page_header.htm"}
    <div class="adm_main">
    <table align="center" width="98%" border="0" cellpadding="0" cellspacing="0">
    <tr>
      <td>类别</td>
      <td>新闻标题</td>
      <td width="70">
    操作
    </td>
    </tr>

{foreach from=$news_list item=news}
    <tr>
      <td><a href ="admin.php?action=news_list&cid={$news.c_id}">{$news.cate}</a></td>
      <td><a href ="show.php?aid={$news.a_id}">{$news.title}</a></td>
      <td>
    <a href ="admin.php?action=news_mod&aid={$news.a_id}">修改</a>  <a href="admin.php?action =news_del&aid={$news.a_id}">删除</a>
      </td>
    </tr>

{foreachelse}
{/foreach}
    <tr>
      <td align="center" colspan="2">新闻共有{$pages}页{$news_total}条,第{$page}页{$pages_href}</td>
    </tr>
    </table>
    </div>
{include file="page_footer.htm"}
```

3)admin.php 中,news_list 动作列出文章列表,相关代码如下。

```php
<?php
    require("inc.php");
    $action= trim($_GET['action']) ? trim($_GET['action']) : "news_list";

    switch($action)
    {
        case 'news_list':
            $page = trim($_GET['p']) > 1 ? trim($_GET['p']) : 1;
            $perpage = 20;
            $cid = trim($_GET['cid']) ? trim($_GET['cid']) : 0;
            $aids = $cid <> 0 ? implode(",", $cate->getSubCids($cid)) : 0;
            $nums = $article->getNums($aids);
            $pages = ceil($nums / $perpage);
            $url_c = $cid > 0 ? "&cid=" . $cid : "";
            $url = "admin.php?action=news_list" . $url_c;

            $page1= $page < 2 ? "首页  上页  " : "<a href=" . $url . ">首页</a> <a href=" . $url . "&p=" . ($page - 1) . ">上页</a> ";
            $page2= $page < $pages ? "<a href=" . $url . "&p=" . ($page + 1) . ">下页</a> <a href=" . $url . "&p=" . $pages . ">尾页</a>" : "下页  尾页";

            $smarty->assign('html_title','新闻列表');
            $smarty->assign('news_list', $article->getLatest(50, $aids, $perpage * ($page - 1) . "," . $perpage));
            $smarty->assign('news_total', $nums);
            $smarty->assign('page', $page);
            $smarty->assign('pages', $pages);
            $smarty->assign('pages_href', $page1 . $page2);
            $smarty->display('news_list.htm');

            break; }
?>
```

2．正文展示

1）article 文章类，show 方法列出文章正文，相关代码如下。

```php
class article
{ //检查指定文章是否存在
    public function isExist($aid)
    {
        global $db;
        $sql = "select count(*) from article where a_id='" . $aid . "'";
        $num= $db->getOne($sql);

        if($num > 0)
        {
            return true;
        }
        else
        {
            return false;
```

```php
        }
    }
    //显示文章正文
    public function show($aid)
    {
        global $db,$smarty;
        $sql = "update article set hits=hits+1 where a_id='" . $aid . "'";
        $db->query($sql);
        $sql = "select * from article where a_id ='" . $aid . "'";
        $art = $db->getRow($sql);
        return $art;
    }
}
```

isExist 方法检测了指定 id 的文章是否存在。在列出文章内容前做这样的检测是很有必要的，否则不存在的 id 会导致网页报错或是显示空白。成熟的项目应该尽可能考虑周全，保证网站的正常访问。

show 方法除了列出文章内容等信息以外，还使用了一个 update 语句，修改了文章的点击数，即只要调用了 show 方法，该文章的点击数就会加一。

2）文章正文显示静态模板页 content.htm，相关代码如下。

```
...
<div class="content">
        <p>当前位置：{$ur_here}->正文</p>
        <div class="a_title"><h1>{$news_title}</h1>
            <div class="from_info">http://localhost {$news_time} 阅读{$news_hits}次 <a href="{$news_source}" target="_blank" style="text-decoration:none;">原文出处</a> </div>
        </div>

        <div class="artibody" id="artibody">{$news_content}</div>
    </div>
...
```

3）文章正文页 show.php，相关代码如下。

```php
<?php
    require("inc.php");
    $aid = $article->isExist(trim($_GET['aid'])) ? trim($_GET['aid']) : 1;
    $art = $article->show($aid);
$smarty->assign('html_title', $art['title']);
$smarty->assign('ur_here', $cate->ur_here(implode(",", $cate->getPids($art['c_id']))));
$smarty->assign('news_title', $art['title']);
$smarty->assign('news_hits', $art['hits']);
$smarty->assign('news_time', $art['time']);
$smarty->assign('news_source', $art['source']);
$smarty->assign('news_content', str_replace("正文开始","",str_replace("正文结束", "", $art['content'])));
    $smarty->display('content.htm');
?>
```

3．首页展示

首页看似复杂，但实际上就是一个由多个分类汇总显示的综合页面。由于主页上能显示出的内容有限，不能像之前列表显示那样显示出所有的文章，只能按时间或点击量显示排在前列的若干文章。为了使首页更加美观，在本系统中还设计了一个头条新闻图片的模块，实现这些功能，用户只需要在 article 类中增加对应的方法，再使用模板输出即可。

article 类中的对应方法如下：

```php
class article
{
    //最热新闻，默认15条
    public function getHots($len=18, $aids=0, $limit=15)
    {
        global $db;
        $sql = "select a.a_id,a.c_id,left(a.title," . $len . ") as title,a.time,a.hits,c.c_name as cate from article a left join category c on a.c_id=c.c_id";
        //全站
        if($aids<>0)
        {//栏目
            $sql .= " where a.c_id in (" . $aids . ")";
        }
        $sql .= " order by a.hits desc limit " .$limit;

        $news = $db->getAll($sql);
        return $news;
    }

    //最新新闻，默认15条
    public function getLatest($len=18, $aids=0, $limit=15)
    {
        global $db;

        $sql = "select a.a_id,a.c_id,left(a.title," . $len . ") as title,a.time,a.hits,c.c_name as cate from article a left join category c on a.c_id=c.c_id";
        //全站
        if($aids<>0)
        {//栏目
            $sql .= " where a.c_id in (" . $aids . ")";
        }
        $sql .= " order by a.a_id desc limit " .$limit;

        $news = $db->getAll($sql);
        return $news;
    }

    //头条新闻
    public function getTheToppestNews()
    {
        global $db;
        $sql = "select a_id,left(title,18) as title,content from article where top=1 order by a_id desc limit 1";
        $news = $db->getRow($sql);
        return $news;
```

```php
    }
    //头条新闻图片
    public function getTopImage($content)
    {
        preg_match_all('|src="(.*)"|', $content, $matchs);
        return $matchs[1][0];
    }

    //头条新闻摘要
    public function getTopContent($content)
    {
        preg_match_all('|正文开始(.*)正文结束|', str_replace(chr(10), "", $content), $matchs);
        return $matchs[1][0];
    }

    //置顶新闻目录
    public function getTopNews($limit=3)
    {
        global $db;
        $sql = "select a_id,left(title,18) as title from article where top=1 order by a_id desc limit " .$limit;
        $cate = $db->getAll($sql);
        return $cate;
    }
}
?>
```

4.4 系统测试

4.4.1 前台

1. 首页

index.php 是网站的前台首页，浏览效果如图 4-3 所示。

图 4-3　首页的浏览效果

2. 栏目文章列表

Show.php 页面通过 GET 传递的 cid 参数可以显示出对应 cid 分类的文章标题列表，如图 4-4 所示。

图 4-4　栏目文章列表

3. 文章正文

Show.php 页面通过 GET 传递的 aid 参数可以显示出对应 aid 的文章正文，如图 4-5 所示。

图 4-5　文章正文

4.4.2　后台

1. 栏目管理

通过 cate_admin 动作进行栏目管理，具体页面如图 4-6 所示，对应链接为"admin.php?action=cate_admin"。

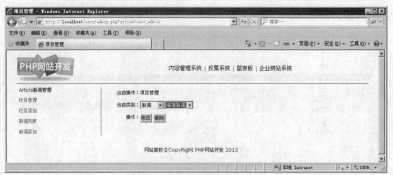

图 4-6　栏目管理页面

2．添加栏目

通过 cate_add 动作添加栏目，具体页面如图 4-7 所示，对应链接为"admin.php?action=cate_add"。

图 4-7　添加栏目页面

3．文章列表

通过 news_list 动作进行文章列表的显示，具体页面如图 4-8 所示，对应链接为"admin.php?action=news_list"。

图 4-8　文章列表页面

4．文章发布

通过 news_add 动作进行文章的发布，具体页面如图 4-9 所示，对应链接为"admin.php?action=news_add"。

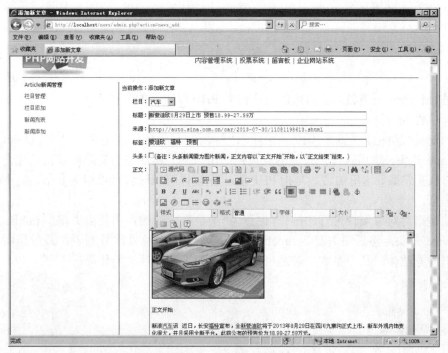

图 4-9　文章发布页面

4.5　相关技能知识点

4.5.1　面向对象基础

1．概述

面向对象（Object Oriented，简称 OO）是目前软件开发的主流方法，是一种对现实世界理解和抽象的方法，是编程技术发展到一定阶段后的产物。早期的计算机编程是基于面向过程（Procedure Oriented，简称 PO）的方法，是一种以过程为中心的编程思想。随着需要解决的问题不断复杂，面向过程的方法逐渐力不从心，而通过面向对象的方法，将现实世界的事物抽象成"对象"，将现实世界的关系抽象成"类"，能够帮助用户实现对现实世界的抽象与数字建模。使用面向对象的方法，更有利于用人类理解的方式对复杂系统进行分析、设计与编程，编程效率大大提高。利用面向对象的封装技术、消息机制等，可以像搭积木一样快速开发系统。从 PHP4 开始，PHP 就支持面向对象的方法了。

本项目中设计了 3 个类，分别是文章类、栏目类和数据库类，这 3 个类已经在公共模块中列出。下面以栏目类为例讲解一下如何使用面向对象的方法进行开发，但要注意，面向对象是一种编程思想，读者要细细体会，活学活用。

2. 类和对象

在 PHP5 中，引入了面向对象的全部机制，新增了大量面向对象的特性。

（1）类的结构

PHP 定义类的方法是以关键字 class 开头，后跟类名，用一对大括号来包含类的成员和方法定义，例如：

```
class category
{
}
```

这里 category 是类名，类名可以是任何非 PHP 保留字的字符串。

（2）属性和方法

类的变量成员称为"属性"，或"字段"、"特征"。属性的声明是由关键字 public、protected 或者 private 开头，然后跟一个普通的变量声明组成的。属性中的变量可以初始化，但是初始化的值必须是常数，这里的常数是指 PHP 脚本在编译阶段时就可以得到其值，而不依赖于运行时的信息。

方法是指对对象属性进行的操作,也称为"函数"。方法的声明是由关键字 public、protected 或者 private 开头，然后跟关键字 function，接着是方法名称及参数列表，最后是用一对大括号括起来的方法体，其中参数列表是可选的。例如下面栏目类的代码：

```
class category
{
    public $pid;                                //属性
    public $cid;
    public $Cname;
    public function getAll()                    //没有参数的方法
    {
        global $db;
        $sql = "SELECT * FROM category";
        $cates = $db->getAll($sql);

        return $cates;
    }
    public function getPids($cid)               //带一个参数的方法
    {
        global $db;
        $pid[] = $cid;
        while($cid > 0)
        {
            $sql = "SELECT p_id FROM category WHERE c_id ='" . $cid . "'";
            $pid[] = $cid = $db->getOne($sql);
        }

        asort($pid);
        return $pid;
    }
}
```

（3）构造方法

构造方法也叫构造器，是一种特殊的方法，它有一个专门的名称——"__construct()"，注意其中是两个下画线。如果类中定义了该方法，则在实例化该类时这个方法自动被调用。构造方法不是必须的，有些类是没有构造方法的，例如项目里的 category 类。下面以数据库类 cls_mysql 为例，看看它的构造类。

```php
<?php
class cls_mysql
{
protected $link_id;
//构造方法，用来创建和数据库的连接
        public function __construct($dbhost, $dbuser, $dbpw, $dbname = '', $charset = 'utf8')
        {
            ...                                             //代码省略
        }
}
```

（4）实例化

在定义了一个类之后，是无法直接使用类的属性和方法的（除非是静态类），如果需要使用，就要用关键字 new 创建类的实例。使用 new 实例化一个类后，形成一个对象，该对象会从类中复制属性和方法。例如在 inc.php 文件中的实例化：

```php
<?php
        $db = new cls_mysql("localhost","root","123 456","news"); //实例化,这里的实例化会调用cls_mysql的构造方法
        $smarty = new Smarty;                   //实例化Smarty类，对象名为smarty
        $cate = new category();                 //实例化category类，对象名为cate
        $article= new article();                //实例化article类，对象名为article
?>
```

3．访问方法和属性

从上面的例子中可以看出，类被实例化后就可以访问对象的方法和属性了，即使用对象名，后跟符号"->"，然后是属性名或方法名，例如：

```php
<?php
        $db->query("set names gbk");            //访问方法
        $smarty->compile_check = true;          //访问属性并赋值
        $smarty->debugging = false;
?>
```

4．小结

PHP 已经引入了全部的面向对象机制，可以说是真正的面向对象的编程语言。这里因篇幅有限，只介绍了 PHP 面向对象的简单语法，很多知识点由于项目中没有涉及就没介绍，包括析构函数、静态属性、静态方法、魔术方法、类的继承、多态与接口等，读者可以查阅资料，完善体系。

4.5.2　Smarty 模板

1．Smarty 简介

Smarty 是一个用 PHP 写出来的 PHP 模板引擎，它用于实现内在逻辑与外在内容的分离。

在代码中是否使用 Smarty，一般要考虑它的优缺点。

Smarty 具有以下优点。

1）速度：采用 Smarty 编写的程序可以获得最大的速度，这一点是相对于其他的模板引擎技术而言的。

2）编译型：采用 Smarty 编写的程序在运行时要被编译成一个非模板技术的 PHP 文件，这个文件采用了 PHP 与 HTML 混合的方式，在下一次访问模板时，会将 Web 请求直接转换到这个文件中，而不再进行模板重新编译（在源程序没有改动的情况下）。

3）插件技术：Smarty 可以自定义插件。

如遇以下情况，则不推荐使用 Smarty 模板。

1）在需要实时更新内容的情况下。例如股票显示，它需要经常对数据进行更新，这种类型的程序如果使用 Smarty 会使模板的处理速度变慢。

2）在开发一些小项目的情况下。小项目因为简单，所以美工与程序员通常是一个人，这样的项目如果使用 Smarty 会丧失 PHP 开发迅速的优点。

在 Smarty 模板中有一个很重要的类文件 Smarty.class.php，在这个类文件中自定义了一些通用函数的声明，读者不需要对这个类很了解，只要知道怎么使用这个类文件就可以了。要想真正的使用 Smarty 模板，还需要在 Smarty.class.php 文件中做以下修改，代码如下所示：

```
class Smarty
{
    /*设置templates的Path*/
    var $template_dir = "../site/smarty/templates";
    /*设置templates_c的Path*/
    var $compile_dir = '../site/smarty/templates_c';
    var $config_dir = 'configs';
        …//省略代码
```

在 Smarty.class.php 文件中，只需要修改 templates 和 templates_c 存放的相对位置即可。在 Smarty 模板中有 templates 和 templates_c 两个文件夹，templates 文件夹中存放的是编程人员编辑的.html 文件，templates_c 文件夹中存放的是经过编译的.html 文件，将它们的后缀名改为.php。

下面总结一下利用 Smarty 模板编写程序的步骤。

第一步：加载 Smarty 模板引擎。

第二步：建立 Smarty 对象。

第三步：设定 Smarty 对象的参数。

第四步：利用 Smarty 中的 assign 方法将变量嵌入。

第五步：利用 Smarty 中的 display 方法将网页显示出来。

模块的具体功能，会在后面的模块功能实现里介绍。

2．Smarty 配置

在 Smarty 官网（http://www.smarty.net/）上下载 Smarty。本书使用的 Smarty 是 3.1.14 版本，此版本要求 PHP 版本在 5.2 以上。一般来讲，Windows 用户下载 zip 包，Linux 用户下载 tar.gz 包，包的内容完全一样，用户可以根据自己的环境选择合适的包。Smarty 的下载页面如图 4-10 所示。

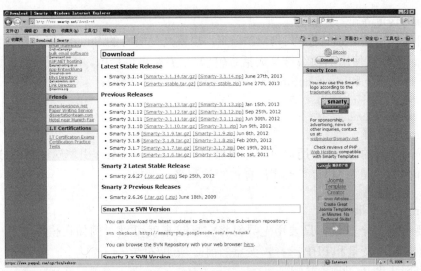

图 4-10　Smarty 下载页面

Smarty 包下载后直接解压缩即可使用，无需安装。解压后的目录中一般包含下列文件目录，如图 4-11 所示，其中 demo 是官方自带的范例文件，可以通过它学习 Smarty 的基本用法。项目中真正需要的是 libs 目录，将此目录存放在网站目录下，在需要使用 Smarty 的 PHP 文件中，只需调用 libs 目录下的 Smarty.class.php 文件即可，例如 "<?require 'libs/Smarty.class.php';?>"。

图 4-11　Smarty 压缩包内容

在站点中除了需要复制 libs 目录以外，还需要创建模板目录和编译模板目录，默认名称为 "templates" 和 "templates_c"，也可自定义其他的目录，只需在实例化 Smarty 时配置即可。templates 目录中存放的是设计好的静态模板页面，而 templates_c 目录是编译目录，Smarty 为了提高效率，将模板编译后存放在 templates_c 目录中，用户不用去管这个目录中的内容。

3. Smarty 基本语法

Smarty 的根本目的是将程序应用逻辑（或称为商业应用逻辑）与网页呈现（Layout）逻辑分离，提供一种易于管理的工具。所谓静态模板就是网页呈现，在大型开发中，这部分可以由美工或视觉设计师来完成，因为里边没有动态代码。模板文件的后缀名默认为 tpl，但有时为了方便美工使用，后缀名为 html 或 htm 也可以。下面介绍 Smarty 模板中的基本语法。

第 4 章　内容管理系统的设计与实现

（1）Smarty定界符

定界符的作用是区别其他的HTML标签，也就是说所有的Smarty模板标签都需要加上定界符。Smarty默认使用的顶级符是大括号（{}）。定界符可以修改，用户可以通过设置Smarty对象的left_delimiter和right_delimiter属性来修改定界符，例如：

```
$smarty->left_delimiter="{";
$smarty->right_delimiter="}";
```

（2）Smarty注释

为了提高代码的可读性，用户可以在模板中设置注释，Smarty引擎对注释部分不做处理。Smarty注释的方式是用*和定界符将注释内容括起来，例如：

```
{*这是一条注释*}
```

（3）Smarty 变量

如果要输出一个变量，只要用定界符将它括起来就可以，例如在模板文件中输出变量html_title。Smarty变量和PHP一样，变量名前必须加$符号。

```
<title>{$html_title}</title>
```

如果在PHP文件中想要套用模板输出，则需要使用assign方法，例如将模板中的html_title变量设置成"首页"。请注意，模板中的Smarty变量在这里不能加$符号。

```
$smarty->assign('html_title', '首页');
```

（4）Smarty流程控制

流程控制包括选择、循环等，这里仅介绍Smarty循环中的foreach的写法，其他有关流程控制的知识读者可以参考Smarty手册学习。

在首页汽车栏目中，需要输出若干个由新闻标题组成的列表，这里需要使用循环，将数组内的值依次添加进列表并显示出来。代码如下所示：

```
<body>
...
<div class="outer">
    <div id="main">
    <div class="cate">
        <div class="title"><h1><a href="cate.php?cid=2">汽车</a></h1></div>
         <ul class="c_14">
        {foreach from=$news_qiche_list item=news}
        <li><a href="show.php?aid={$news.a_id}">{$news.title}</a> <span class="time">{$news.time}</span></li>
        {foreachelse}
        {/foreach}
            </ul>
        </div>
        <div class="space"></div>
        ...
</div>
...
</body>
```

其中$news_qiche_list是Smarty变量名，是个关联数组，而news是数组中当前处理元素的变量名称，数组的大小决定循环次数。和普通变量输出类似，在PHP文件中仍然使用assign方法套用模板，只是要用数组来进行套用。方法如下所示：

```
$smarty->assign('news_qiche_list', $article->getLatest(16, 2, 8);
```

$article 是前面介绍的 article 类的实例化对象，getLatest 方法会取得该栏目（id=2）下最新的 8 个文章标题，放入数组并输出到模板中。

（5）Smarty 模板显示

所有需要套用的变量都输出完毕后，就要显示模板了。显示模板使用 Smarty 类的 display 方法。例如显示首页的语句为：

```
$smarty->display('index.htm');
```

这里只是介绍了 Smarty 模板的简单应用，详细的 Smarty 模板应用请参考官方范例文件和 Smarty 手册。

4.5.3 AJAX 基础

1. AJAX 概述

AJAX（Asynchronous JavaScript and XML，异步 JavaScript 和 XML）是一种用于创建更好更快以及交互性更强的 Web 应用程序的技术。AJAX 不需要任何浏览器插件，但需要用户允许 JavaScript 在浏览器上执行。

传统的 Web 应用允许用户填写表单（form），当提交表单时就向 Web 服务器发送一个请求。服务器接收并处理传来的表单，然后返回一个新的网页。这个做法浪费了许多带宽，因为在前后两个页面中的大部分 HTML 代码往往是相同的。由于每次应用交互都需要向服务器发送请求，所以应用的响应时间就依赖于服务器的响应时间。这样用户界面的响应就会比本地响应慢得多。与此不同，AJAX 在浏览器与 Web 服务器之间使用的是异步数据传输（HTTP 请求），这样网页就能从服务器请求少量的信息，而不是整个页面。它使用 SOAP 或其他一些基于 XML 的 Web Service 接口，并在客户端采用 JavaScript 处理来自服务器的响应。因此在服务器和浏览器之间交换的数据大量减少，结果是用户能看到响应更快的应用。同时很多的处理工作都可以在发出请求的客户端机器上完成，因此 Web 服务器的处理时间也减少了。使用 AJAX 的最大优点，就是能在不更新整个页面的前提下维护数据，这使得 Web 应用程序可以更为迅捷地回应用户动作，并避免了在网络上发送那些没有改变过的信息。

AJAX 是多种技术的综合应用，包括 JavaScript 技术、XML 技术、DOM 技术、XMLHttpRequest 控件等。本节的目的是让读者理解什么是 AJAX，并结合本项目实例学习 AJAX 的工作原理和使用方法，同时能够在实际应用中举一反三。

2. 使用 AJAX

AJAX 首先是由用户的客户端通过 JavaScript 的 XMLHttpRequest 对象向服务器发起请求，再由服务器端根据用户的请求进行处理，完成以后向客户端抛出处理结果，用户浏览器再将服务器处理结果，通过 DOM 结构呈现在 HTML 页面上。下面用本项目中的应用过程进行详细讲解。

（1）创建 XMLHttpRequest 对象

XMLHttpRequest 对象的前身是 XMLHttp 对象，这个对象是由 Microsoft 为它的浏览器 IE 设计的 ActiveX 对象。XMLHttp 对象是一种浏览器对象，可用于模拟 HTTP 的 GET 和 POST 请求。此后 Mozilla、Netscape、Safari 等浏览器也提供了类似对象，名叫"XMLHttpRequest"对象，由于对象的不同，所以创建方法也有不同。不同的 IE 版本所使用的 XMLHttp 对象经过了更新换代也有略微不同，如下所示：

```
xmlhttp_request = new ActiveXObject( " Msxml2.XMLHTTP.3.0 " );      //IE3、IE4、IE5
xmlhttp_request = new ActiveXObject( " Msxml2.XMLHTTP " );           //IE6
```

```
xmlhttp_request = new ActiveXObject( " Microsoft.XMLHTTP " );        //IE7及以上
```
对于其他浏览器，创建 XMLHttpRequest 对象的方法比较统一，如下所示：
```
xmlhttp_request = new XMLHttpRequest();
```
为了让程序可以适应所有主流浏览器，用户在创建 XMLHttpRequest 对象时就必须根据不同的浏览器使用不同的创建方法。下面是本项目使用的创建脚本，为了方便重用，将创建 AJAX 对象的相关操作单独放入 JavaScript 脚本文件中，在需要使用的地方直接调用即可。代码如下所示：

```
function InitAjax()
{
    var ajax=null;
    try{
        ajax= new ActiveXObject('Msxml2.XMLHTTP');
    }catch(e){
        try{
            ajax= new ActiveXObject('Microsoft.XMLHTTP');
        }catch(e){
            try{
                ajax= new XMLHttpRequest();
            }catch(e){}
        }
    }
    return ajax;
}
```

这段代码是 JavaScript 脚本，其中 try、catch 是 JavaScript 脚本中的错误处理机制，即首先创建 Msxml2.XMLHTTP 对象，如果错了就创建别的对象，直至成功。细心的读者肯定会发现，在代码中只判断了 3 种 XMLHttp 对象，这是因为 IE5 是 Windows 2000 之前的系统自带的浏览器，已经极为少见了，所以没有进行判断，读者如有需要可以自行添加。

（2）发送请求

通过刚才的介绍可以知道，XMLHttpRequest 对象可以不用刷新整个页面，直接与服务器进行交互，所以 XMLHttpRequest 是 AJAX 的核心，它发送请求的方法如下：

```
xmlhttp_Request.open(method,url,flag);
xmlhttp_Request.send();
```

open 方法中的 method 参数表示 HTTP 的请求方式，一般为 POST 或 GET 中的一种；url 为向服务器发送请求的 URL 地址，为了防止跨站攻击，这里的 URL 地址要求协议、主机地址、端口和本网页一致；flag 是标志位，设置是否为异步模式，一般为 true，表示异步，即执行页面 JavaScript 而不用等待响应，否则要等到页面响应后才继续执行脚本。

send 方法是发送请求。GET 方法一般已经在 url 参数中添加了要传递的数据，所以不需要发送参数，即 send(null)；POST 方法一般需要提交表单中的数据，所以 send 方法的参数中就要包含所需传递的参数。

本项目中编写了一个 sendajax 方法来进行发送和响应，首先来看发送，如下所示：

```
function sendajax( sURL , obj, pdata)
{
    var ajax = InitAjax();
    if( pdata == false)
    {
```

```
            ajax.open('GET', sURL, true);        //GET方式发送
            ajax.send(null);
        }else{
            ajax.open('POST', sURL, true);       //POST方式发送
            ajax.setRequestHeader("Content-Type","application/x-www-form-urlencoded");
            ajax.send( pdata );
        }
        …                                         //此处省略
    }
```

（3）处理服务器响应

XMLHttpRequest 对象向服务器发送请求后，服务器会做出响应。XMLHttpRequest 对象只负责 AJAX 异步传输，真正的工作还需要指定别人来做，这里需要告诉 XMLHttpRequest 用哪个 JavaScript 函数来处理响应。语法如下：

```
xmlhttp_request.onreadystatechange = FunctionName;//FunctionName即函数名
```

实际上，我们通常会把函数定义部分直接写在里面，连函数名都可以省略，如下所示：

```
xmlhttp_request.onreadystatechange = function(){
        //JavaScript脚本
}
```

要处理服务器响应，应该先判断服务器的响应是否完整。XMLHttpRequest 对象为用户提供了 readyState 属性来对服务器响应进行判断，这里不是我们要重点关注的部分，读者只用记住，当 readyState 属性值为 4 的时候，才是一个完整的服务器响应。完整的服务器响应也不一定正常，当服务器响应状态值为 200 的时候才表示正常，所以这两个条件必须都满足。下面继续看 sendajax 方法：

```
function sendajax( sURL , obj, pdata)
{
    …                                            //此处省略
    ajax.onreadystatechange = function() {
        if(ajax.readyState == 4 )                //如果响应完整则
        {
            if (ajax.status != 200)              //HTTP状态不是200表示不正常
            {
                self.status="访问出错，请重试！";
            }else{
            //     eval(ajax.responseText);
          obj.innerHTML = ajax.responseText;     //将XMLHttpRequest响应写入obj对象中
                delete ajax;
                ajax=null;
                CollectGarbage();
            }
        }
    }
}
```

3．本项目中的应用

本项目在栏目管理时反复使用了 AJAX 技术，用它来处理联动下拉列表框，在之前的部分中已经编写好了 AJAX 的脚本，现在只需调用即可。以栏目管理页为例，下拉列表的 onchange 方法在下拉列表值变化后调用 changeSubSelect 函数，在该函数中使用到了

sendajax('cateajax.php',subDiv,'cid=' + value + '&sid=' + (id + 1)))，sendajax 函数已经介绍过，它会创建对象，发送 AJAX 请求到 cateajax.php 页面，传递了 cid 和 sid 两个值。下面详细讲解 cateajax.php 页面，具体代码如下：

```php
<?php
    require 'cls_mysql.php';
    $db = new cls_mysql("localhost","root","123 456","news");

    if(trim($_POST['cid'])<>'')
    {
        $ajax_text = '';
        $cats = $db->getALL("Select c_id,c_name from category where p_id='" . trim($_POST['cid']) . "'");
        if($cats)
        {
            $ajax_text = '<select id="sel' . trim($_POST['sid']) . '" onchange="changeSubSelect(' . trim($_POST['sid']) . ',this.value)"><option value=0>请选择</option>';
            foreach($cats as $cat)
            {
                $ajax_text .= '<option value=' . $cat['c_id'] . '>' . $cat['c_name'] . '</option>';
            }

            $ajax_text .= '</select>';
        }

        echo $ajax_text;
    }
?>
```

这个 PHP 脚本内容比较简单，通过传递的 cid 和 pid 在数据库中查询到栏目和子栏目，输出下拉列表框的 HTML 代码。通过之前的介绍可以知道，这段 HTML 代码最终会被响应，并修改 subDiv 控件的值，即无刷新联动。

这里需要注意，由于 XMLHttpRequest 对象不刷新整个页面，所以 cateajax.php 中一定不能包含<html>、<head>等标签，因为原页面中已经包含了这些标签，如果 cateajax.php 中再出现这些标签，则网页会报错。

AJAX 混合了多种技术，是近些年来流行的技术，也是 Web2.0 的重要标志，它可以提升用户的浏览体验，减轻服务器负担。但也要注意，过分使用 AJAX 不利于搜索引擎搜索，读者可以结合项目特点，适当地在网站中使用 AJAX 技术。

4.5.4 生成静态技术

所谓静态页面是相对动态页面而言的，静态网页是实际存在的，无需经过服务器编译，可以直接被客户端浏览器解释并显示。PHP 是一种动态网页技术，经过前面的介绍读者应该非常熟悉，比如本例中的 index.php 页面，用户向服务器发送请求，服务器收到请求后找到 index.php 文件，执行 PHP 指令，查询数据库，将生成的 HTML 页面传回客户端，用户浏览器才能看到网页。虽然这样的操作对服务器来说只是毫秒间的工作，但如果访问量比较大、数据存储记录太多，仍然会影响数据库的查询效率，影响 Web 服务器的响应效率。

解决问题的法宝就是使用静态页面。静态页面不需要经过 PHP 解析和数据库查询，Web 服务器可以直接将 HTML 页面返回用户客户端进行浏览，这样大大提高了访问效率，安全性也更高。另外，搜索引擎的蜘蛛程序对静态页面的检索也比动态页面要好，使用静态页面可以提高搜索引擎检索的效率。但是也要注意，静态网页也有自己的缺陷，由于占用的空间比较大，所以需要大量的服务器，花费上要高于动态网页网站，而且网站的内容会不断更新，静态网页要想及时反映出这些更新，管理成本也会提高。所以在开发项目时，要根据实际需要，选择合适的技术。

因为首页的访问量大，而且对数据库的操作最多，但文章内容页的内容几乎不变，所以本项目将这两种页面改成静态，而栏目列表因为需要分页，后台管理实时性较强，所以保持动态。所谓"生成静态"，是使用 PHP 将网页内容以 HTML 文件形式保存在服务器目录中的技术，下面以首页生成 index.html 为例进行讲解。

1. 文件系统与操作

PHP 提供了非常多的目录文件操作函数，用户可以通过这些函数来实现项目需求。下面列举出了部分常用的目录文件操作函数。读者应结合本项目中的实际应用掌握文件目录的操作方法。

（1）目录操作常用函数

```
Resource opendir(string        $path)      //打开目录
Bool is_dir(string        $filename) //监测目录是否有效
Boid closedir(resource $dir_handle)      //关闭目录
bool mkdir(string $pathname [,int $mode])      //建立目录
bool rmdir(string $dirname)  //删除目录
```

（2）文件操作常用函数

```
resource fopen(string $filename,string $mode [,bool $use_include_path])//打开文件
bool  fclose(recource $handle) //关闭文件
string fgets(int $handle [,int $length])      //读取文件一行
int fwirte(resource $handle,string $string [, int length])      //写入文件
bool unlink(string $filename)      //删除文件
```

（3）本项目中的文件操作函数

函数 ToHtml 用来在$dir 目录中创建文件$filename，文件内容为$content。将静态网页的 HTML 代码放入$content 中就可以创建静态网页。具体代码如下：

```php
function ToHtml($dir,$filename,$content,$rewrite) {
    if(!is_dir($dir)){                                      //如果目录不存在就创建
        mkdir($dir);
    }
    if(is_file($dir."/".$filename)){
        if($rewrite){                                       //是否覆盖
            unlink($dir."/".$filename);          //删除文件
        }else{
            return false;
        }
    }
    $fp=fopen($dir."/".$filename,"w");
    if(!is_writeable($dir."/".$filename)){
        return false;
    }
    if(!fwrite($fp,$content)){                    //写入文件
        return false;
```

```
        }else{
            fclose($fp);
            return true;
        }
}
```

2. 利用 smarty 生成静态

首先添加"生成静态首页"链接，链接执行 htmlindex 动作，如图 4-12 所示。

图 4-12 admin.php 页添加"生成静态首页"链接

htmlindex 动作的 PHP 脚本如下所示。Smarty 的 fetch 方法和 display 方法类似，只是不显示页面，而是返回页面的 HTML 脚本，通过这个脚本用户就能创建静态页面了。

```
<?php
        require("inc.php");
        $action= trim($_GET['action']) ? trim($_GET['action']) : "news_list";

        switch($action)
        {
case 'htmlindex':
            $top = $article->getTheToppestNews();

            $smarty->assign('html_title', '首页');
            $smarty->assign('aid', $top['a_id']);
            $smarty->assign('top_news_title', $top['title']);
            $smarty->assign('top_img_url', $article->getTopImage($top['content']));
            $smarty->assign('top_news_content', str_replace("", "",
$article->getTopContent($top['content'])));

            $smarty->assign('news_top_list1', $article->getTopNews("1,3"));
            $smarty->assign('news_top_list2', $article->getTopNews("4,3"));
```

```
                $smarty->assign('news_qiche_list', $article->getLatest(16, 2, 8));
                $smarty->assign('news_tiyu_list', $article->getLatest(16, implode(",",
$cate->getSubCids(3)), 8));
                $smarty->assign('news_caijing_list', $article->getLatest(16, implode(",",
$cate->getSubCids(4)), 8));
                $smarty->assign('news_yule_list', $article->getLatest(16, 5, 8));
                $smarty->assign('news_hot_list', $article->getHots(14, 0, 8));
                $htmltext = $smarty->fetch('index.htm');
                //echo $htmltest;
                if(ToHtml(".","index.html", $htmltext,1)){
                        echo "<script language='JavaScript'>\r\n";
                        echo " alert('静态页面已生成');\r\n";
                        echo " history.back();\r\n";
                        echo "</script>";
                }
                //header("Location:admin.php?action=news_list");
                break;
        }
?>
```

3．文章内容页生成静态

在模板文章列表中加入"生成静态"链接。链接跳转到 ToHtml.php 页面，生成以文章编号为名的静态页面，如图 4-13 所示。

图 4-13　添加"生成静态"链接

具体代码如下：

```
<?php
require("inc.php");
$aid = $article->isExist(trim($_GET['aid'])) ? trim($_GET['aid']) : 1;
$art = $article->show($aid);
```

```php
        $smarty->assign('html_title', $art['title']);
        $smarty->assign('ur_here', $cate->ur_here(implode(",", $cate->getPids($art['c_id']))));
        $smarty->assign('news_title', $art['title']);
        $smarty->assign('news_hits', $art['hits']);
        $smarty->assign('news_time', $art['time']);
        $smarty->assign('news_source', $art['source']);
        $smarty->assign('news_content', str_replace("正文开始","",str_replace("正文结束", "", $art['content'])));

        $smarty->assign('news_latest_list', $article->getLatest());
        $smarty->assign('news_hot_list', $article->getHots());

        $htmltext = $smarty->fetch('content.htm');
        if(ToHtml("html",$aid . ".html", $htmltext,1)){
            echo "<script language='JavaScript'>\r\n";
            echo " alert('静态页面已生成');\r\n";
            echo " history.back();\r\n";
            echo "</script>";
        }
?>
```

4．静态页面效果展示

首页静态页面和内容页静态页面都已完成。网站目录中既有 index.php 又有 index.html，一般 Web 服务器会优先打开 index.html。在显示某个内容页时，只需简单地判断一下，如果该内容页已经生成静态，就打开对应的 html 文件，如果没有生成静态页，就只能使用 show.php 页面动态产生了。如果想直接将整站的内容页都生成为静态，可以在新建文章保存时直接生成。选用何种方式，用户可以根据项目规模和实际情况进行选择。图 4-14 展现的是生成的静态首页，图 4-15 展现的是生成的一个静态内容页。

图 4-14 静态首页

图 4-15　静态内容页

4.6　小结

　　本章介绍基于 Smarty 模块开发框架的内容管理系统的整个开发过程。内容管理系统是当前应用比较广泛的 Web 系统，这里只是实现了内容管理系统的基本功能。在学习本章时，需要结合代码理解系统的框架及 Smarty 模块的基本应用，掌握好 Smarty 模块系统开发的基础。

第 4 章　内容管理系统的设计与实现

第 5 章 企业网站系统的设计与实现

企业网站系统是一个信息化 B/S 框架下的软件,它既可以为企业进行宣传,也可以为企业带来经济效益,同时还可以实现对各项业务的信息化管理。本章将详细介绍一个企业信息展示系统从需求分析、数据库设计、功能设计到系统功能实现的完整过程。

5.1 需求分析

5.1.1 需求概述

企业信息展示系统是实现企业在网上展示自我及管理的系统。一个典型的企业信息展示系统一般应该提供企业介绍、产品介绍、业内新闻、企业反馈、联系地址等功能。同时也应为系统的管理人员提供相应的信息维护及管理的功能,包括人员管理、产品管理、反馈信息管理、业内新闻管理等。

根据企业信息展示系统的基本需求,本系统需要完成的具体任务有:

1) 企业介绍。进入企业信息展示系统的首页后,显示给客户的就是企业的简单介绍页面,该页面是个纯 HTML 的页面,用文字形式描述了企业的基本状况。在单击"关于我们"超链接后,会有更详细的企业介绍,包括企业发展史、企业文化等。

2) 产品介绍。该功能是企业进行网络窗口展示的重要环节。在产品介绍中,企业将会把自己公司生产的所有产品以图片的形式展现给客户。在这里,客户可以选择自己喜欢的产品,查看图样、型号、规格以及产品功能等。

3) 业内新闻。在进入业内新闻页面时,应该能根据数据库中存放的新闻内容显示出所有新闻的标题及链接。在客户单击某新闻标题后,就可以跳转到有关该新闻详细内容的显示页面。

4) 企业反馈。进入企业信息展示系统的首页后,单击"反馈"按钮就可以进入反馈页面。客户可以在此页面跟企业进行交流,他们只要将自己遇到的问题或感受发表上去就可以了,然后,企业就会根据客户的问题给出相应的答复。

5) 联系地址。无论哪个企业,只要有自己的商业网站,就肯定会留下联系方式。该功能也是企业信息展示系统必不可少的一部分。有了联系地址,想和企业合作的人就可以方便地联系上该企业,这样,就会给该企业带来更多的商机。

6) 管理功能。企业信息展示系统的管理员可以随时管理注册的用户,给他们分配权限。可以对产品进行管理,如对产品的种类进行重新编排,对具体产品的类型、图片、描述等进行编写,对产品进行搜索,还可以添加新产品等。管理员还可以对业内新闻进行编辑,如添加新闻、修改新闻、删除新闻。最后，管理员可以查看客户的反馈信息，并及时上报给相关部门进行处理。

5.1.2 功能需求

按照面向用户和面向管理两个方面为系统做功能设计。

在面向用户的功能中，有系统的登录功能、注册功能、找回密码功能、产品样本种类显示功能、反馈信息功能、新闻标题显示及内容显示功能。

在面向管理的功能中，首先有用户管理功能，包括赋予注册用户登录权限、修改基本用户资料、修改用户密码以及删除用户等。其次有产品管理功能，包括分类管理、产品管理、添加产品和搜索产品。在分类管理中，管理员可以添加分类，类别有一级分类、二级分类和三级分类；在产品管理中，列出了所有的产品，管理员可以对产品进行编辑，如产品名称、所属分类、上传照片、产品介绍、首页显示等设置；在产品搜索中，管理员可以按照产品名称和产品分类进行搜索。还有新闻管理功能，包括编辑已存在的新闻、添加新闻和删除新闻。最后是反馈管理功能，其功能比较少，只有查看反馈信息和删除反馈内容两种操作。

下面给出了本系统的总体功能图，如图5-1所示。

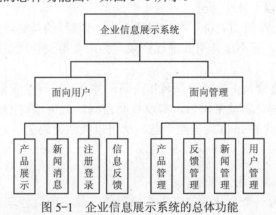

图5-1 企业信息展示系统的总体功能

5.1.3 系统模块划分

按照系统的总体功能设计，可以把该系统分成面向用户和面向管理两部分。面向用户的部分，为简化系统模块，它只有1个用户注册登录模块。用户登录该系统，如果不是合法用户，就要注册后才可以登录，所以需要设置一个登录、注册模块。面向用户的其他功能都和面向管理有密切的关系，所以直接放到面向管理的部分中。

面向管理的部分，一共分成4个模块。用户的管理可以专门作为一个用户管理模块，在该模块中，管理员可以删除、修改会员信息；产品管理为产品管理模块，管理员在该模块中可以进行添加产品、搜索产品、添加产品种类等操作；新闻管理为新闻管理模块，在该模块中，管理员可以编辑已存在的新闻、添加新闻；反馈管理为反馈管理模块，在该模块中，管理员可以查看反馈信息，同时可以删除反馈信息，同时在面向用户中建立反馈信息编辑窗口。下面列出了系统的模块体系，如图5-2所示。

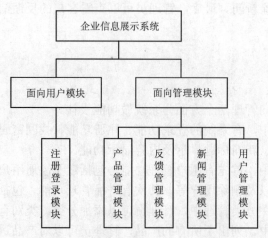

图 5-2　企业信息展示系统的模块体系

下面将详细介绍每个模块的具体功能。

1．注册登录模块

注册登录模块包含以下几个部分：

1）注册。客户可以注册为会员。在注册界面中，带*号的是必填的，而且在填写时也有填写规则。注册成功后，还不能使用其进行登录，必须要得到管理员的确认，分配权限后才可以使用。

2）登录。客户只要输入正确的用户名和密码，并且具有登录权限就可以登录了。

3）忘记密码。在客户忘记密码后，需要找回密码，就可以用上此功能，获取密码的方法是将客户注册时填写的 E-mail 发送给企业，就可以找回密码了。

2．产品管理模块

产品管理模块包含以下几个部分：

1）分类管理。因为一个企业肯定有很多种类的产品，所以管理员可以为企业设置一个分类管理功能。管理员可以添加新的种类、修改种类名称以及删除种类。

2）搜索产品。想要在许多产品中找到需要的产品，搜索是一项很好的功能。管理员可以按产品名称或产品种类搜索到想要的产品。

3）添加产品。管理员可以添加产品，在添加产品时，需要填写相关的一些资料，例如产品名称、所属种类、产品规格、上传照片、产品描述等。还有一个重要功能就是设置产品是否显示在面向用户的首页中，如果选择"是"，则该产品将显示在首页中。

4）编辑产品。编辑产品就是对添加产品时填写的资料进行修改，重新编辑。

5）删除产品。管理员可以把不再需要的产品删除掉。

3．反馈管理模块

反馈管理模块包含以下几个部分：

1）查看反馈信息。客户在面向用户反馈页面提交的反馈信息将被保存到数据库中，管理员可以查看所有的反馈信息。

2）删除反馈信息。管理员可以将某个具体的反馈信息删除掉。

4. 新闻管理模块

新闻管理模块包含以下几个部分：
1）添加新闻。管理员可以为企业添加业内新闻。
2）编辑新闻。编辑新闻的界面和添加新闻的界面一样，只不过编辑新闻是编辑已有的新闻，添加新闻是添加没有的新闻。
3）删除新闻。管理员可以把不需要的业内新闻删除掉。

5. 用户管理模块

用户管理模块包含以下几个部分：
1）分配权限。管理员可以指定某客户为"开放"或"管理员"。
2）修改资料。管理员可以修改客户在注册时填写的资料，如所属公司、电话、地区等。
3）删除用户。管理员可以删除用户。
4）修改密码。管理员可以修改客户的密码，以防止被他人盗用。

5.2 系统数据库的设计与实现

实现一个专业的企业信息展示系统，必然会涉及面向管理的数据库对系统数据信息的保存和维护，用 PHP 编程并且并行处理数据库中数据的需求，一般都会选择 MySQL 数据库。

5.2.1 数据库的需求分析

根据企业信息展示系统的功能需求，对应数据表的设计及其功能如下：
1）反馈信息表（feedback_info），存放所有客户反馈的信息。
2）业内新闻表（news），存放所有业内新闻的信息。
3）产品信息表（product_info），存放企业所有产品的基本信息。
4）产品种类表（product_sort），存放企业产品的所有种类。
5）用户信息表（user_name），存放企业会员的基本信息。

5.2.2 数据库的逻辑设计

根据以上的需求分析，下面对各个表的字段给予描述。
（1）反馈信息表
反馈信息表（feedback_info）是用来保存客户反馈信息的数据表，表 5-1 列出了该表中所包含的字段描述信息。

表 5-1 feedback_info 表

字 段 名	数据类型	是否允许为空	描 述	备 注
id	int(10)	否	信息编号	主键
subject	varchar(200)	否	主题	
content	text	是	内容	

（续）

字 段 名	数据类型	是否允许为空	描 述	备 注
name	varchar(100)	是	反馈人姓名	
email	varchar(100)	是	邮件信息	
company	varchar(200)	是	单位名称	
address	varchar(200)	是	地址	
tel	varchar(50)	是	联系电话	
fax	varchar(50)	是	传真	
country	varchar(100)	是	所在地	
business	varchar(255)	是	单位性质	
is_read	tinyint(1)	否	是否可读	

（2）业内新闻表

业内新闻表（news）是用来保存所有业内新闻的数据表，用于管理员对业内新闻进行添加、删除等动态管理工作，表5-2列出了该表中所包含的字段描述信息。

表 5-2 news 表

字 段 名	数据类型	是否允许为空	描 述	备 注
id	int(10)	否	信息编号	主键
title	varchar(200)	否	信息标题	
puttime	datetime	否	发表时间	
content	text	是	发表内容	

（3）产品信息表

产品信息表（product_info）是用来保存企业所生产的全部产品的种类、编号、描述、图片等信息的数据表，表5-3列出了该表中所包含的字段描述信息。

表 5-3 product_info 表

字 段 名	数据类型	是否允许为空	描 述	备 注
id	int(10)	否	产品编号	主键
sort_id	int(10)	否	产品类型	
name	varchar(200)	否	产品名称	
puttime	datetime	否	生产日期	
size	varchar(50)	否	产品规格	
money	varchar(20)	否	产品价格	
img	varchar(100)	否	产品样图	
content	text	是	产品描述	
orderby	int(10)	否	排序	
indexshow	tinyint(1)	否	首页是否显示	

（4）产品种类表

产品种类表（product_sort）是用来保存企业所生产的产品种类的数据表，表5-4列出了该表中所包含的字段描述信息。

表 5-4 product_sort 表

字段名	数据类型	是否允许为空	描述	备注
id	int(10)	否	种类编号	主键
fid	int(11)	是	种类	
name	varchar(100)	否	种类名称	
fidlist	varchar(200)	是	目录	
range	int(10)	是	等级	
layer	tinyint(3)	是	层次关系	

（5）用户信息表

用户信息表（user_name）是用来保存企业会员所有基本信息的数据表，表 5-5 列出了该表中所包含的字段描述信息。

表 5-5 user_name 表

字段名	数据类型	是否允许为空	描述	备注
user_id	int(10)	否	用户编号	主键
username	varchar(50)	否	用户姓名	
password	varchar(32)	否	密码	
email	varchar(50)	否	邮箱	
is_admin	tinyint(1)	否	是否为"管理员"	
is_open	tinyint(1)	否	是否为"开放"	
company	varchar(200)	是	单位性质	
name	varchar(200)	是	单位名称	
country	varchar(200)	是	所属地区	
tel	varchar(100)	是	电话	
fax	varchar(100)	是	传真	

5.3 系统实现

整个企业信息展示系统分为面向用户和面向管理两部分效果，即企业的信息展示平台页面和企业内部的管理页面。

5.3.1 实现效果

1．面向用户页面的实现效果

在浏览器中输入"http://localhost/site"后，即可进入企业信息展示系统的面向用户首页，如图 5-3 所示。

在所示的页面中单击"公司产品"超链接，将跳转到企业所有产品展示的页面。在该页面中客户可以看到本企业所有的产品型号、模型和实体照片。该页面按照不同的类别给产品分类，在每个一级分类下还有二级分类，同时本页使用了分页和页面跳转功能，如图 5-4 所示。

图 5-3 企业信息展示首页

在图 5-4 所示的页面中单击"客户反馈"超链接,可以看到客户的留言信息。如果客户想填写反馈信息表,则单击"添加留言"即可跳转到客户填写反馈信息的页面中,在该页面中客户可以按要求填写反馈信息,然后单击"提交"按钮就可以将填写的信息反馈到企业内部管理系统中,如图5-5 所示。

图 5-4 产品展示页面

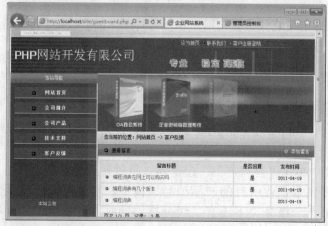

图 5-5 反馈信息页面

在图 5-6 所示的页面中，左侧有滚动信息栏，在该页面中显示出了所有新闻的标题，并提供了相应的超链接，链接到相关新闻的具体内容页面。

图 5-6　业内新闻页面

2．面向管理页面的实现效果

企业的管理页面不是任何人都可以进入的，必须拥有面向管理的管理权限才可进入。怎样判断登录的人是不是管理员呢？在登录管理页面时设置一个登录验证界面，当用户输入"http://localhost/site/administrator"后，就会跳转到这个登录验证界面，如图 5-7 所示。在该界面中，管理员输入用户名和密码后，会自动到面向管理验证，只有确定了身份之后，才能进入企业管理的主页面。对于非法用户，将禁止进入后续的管理页面。

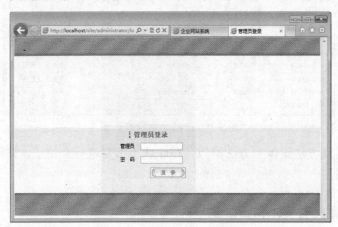

图 5-7　管理员登录验证界面

企业管理的主页面是个框架页面，分为左右两个部分，左边部分显示出了管理的导航条，其中有公司活动管理、新闻消息管理、产品类别管理、留言管理等，如图 5-8 所示。

在图 5-8 所示的导航页面中单击"账户管理"超链接，将跳转到面向管理的用户管理页面。在导航页面中单击"产品类别管理"超链接，将跳转到产品类别管理的页面，如图 5-9 所示。在该页面中，管理员可以添加一级分类和二级分类，还可以修改、删除已存在的类别。

图 5-8 面向管理的管理主页面

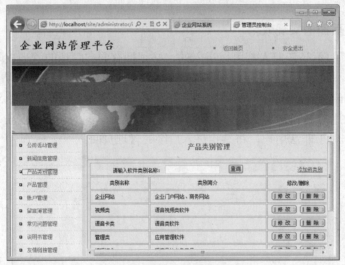

图 5-9 产品类别管理页面

其他功能的实现方法跟以上方法类似，在此就不重复进行介绍了。详细内容可以参考本书提供的源码资料。

5.3.2 系统配置文件 config.php

config.php 文件是对系统通用属性的设置。代码如下所示：

```
<?php
/*总体配置文件*/
$CONF=array();
$CONF['sys']['show_error'] = '0';
/* 数据库配置*/
$CONF['db']['host'] = "localhost";
$CONF['db']['user'] = "root";
$CONF['db']['pwd'] = "";
```

```
$CONF['db']['name'] = "site";

/* 路径配置*/
$CONF['dir']['web'] = "http://localhost/site";
$CONF['dir']['path'] = "../site";

/*上传配置*/
$CONF['upload']['suffix'] = Array("jpg", "gif", "png", "rar", "zip", "wmv", "swf");        //上传类型
$CONF['upload']['filesize'] = 2048;            //上传单个文件的大小
$CONF['upload']['rename'] = 1;
//上传的文件是否改名，改后的文件名为当前服务器的年月日时分秒
?>
```

以上代码对系统做了 3 个方面的设置，分别是数据库配置、路径配置和文件上传配置。

1）在数据库配置中，由于本系统使用的是 MySQL 数据库，所以必须和该数据库相结合，应该设置它的主机地址、MySQL 登录名称、密码和具体实现该系统的对应数据库名称。

2）在路径配置中，主要设置本系统服务器的访问地址和文件存放的根目录。

3）在上传文件配置中，可以设置上传文件的类型、上传文件的大小和上传文件是否可以改写，1 表示可以改写，0 表示不可以改写。

5.3.3 通用文件 comment.php

comment.php 文件是一个很重要的文件，该文件实现了数据库的连接以及各种通用函数的声明与实现。在其他网页中，如果需要连接数据库或者使用某些函数，那么只要包含该文件即可。下面将分段介绍该文件的具体代码。

1. 定义

定义部分的具体代码如下所示：

```
<?php
define("_SITE_ROOT", '../site');
require(_SITE_ROOT.'../smarty/Smarty.class.php');
require(_SITE_ROOT.'../adodb/adodb.inc.php');

class comment extends Smarty {
    var $DB, $CONF, $INCOME;
```

以上代码首先使用 define 关键字定义了一个常量，如果常量的值存在，就执行下面的内容，反之亦然。还用到一个流程控制语句 require()，它的作用是运行指定的文件，Smarty.class.php 文件和 adodb.inc.php 文件分别位于本系统中根目录下的 smarty 和 adodb 文件夹下。同时，在 comment.php 中，定义了一个 comment 类，这个类继承了 smarty。

Smarty.class.php 文件是引用 Smarty 模板的映射文件，有关于 Smarty 模板的详细，请参考 4.5 节中的相关技能知识点的内容。

adodb.inc.php 文件是 PHP 控件 ADODB 的映射文件，只要在需要它的地方通过 require() 函数将其包含进来就可以了。ADODB 技术提供了完整的方法和属性，使用它可以更好地控制资料库系统。不同的资料库系统，只需修改一个属性值，ADODB 就会自动根据设定取用正确的 PHP 函数。

2. comment()函数

在 comment.php 文件中定义了一个 comment()函数,这个函数主要完成数据库的连接。代码如下所示:

```php
function comment(){
    require_once(_SITE_ROOT.'/include/config.php');
    $this->CONF = $CONF;
    if($this->CONF['sys']['show_error']){
        ini_set('display_errors', true);
    }else{
        ini_set('display_errors', false);
    }

    $this->Smarty();

    $this->DB = ADONewConnection('mysql');
    $this->DB->Connect($this->CONF['db']['host'], $this->CONF['db']['user'], $this->CONF['db']['pwd'], $this->CONF['db']['name'] );
    $this->DB->execute("SET NAMES 'gbk'", $this->DB);
    if(!$this->DB->IsConnected()){
        $this->msg("对不起,无法连接数据库,请稍后重试!", '-1');
    }
    $this->parse_incoming();
}
```

以上代码执行的步骤如下:

1)首先引用了一个流程控制语句 require_once(),将系统配置文件中的数据库配置包含进来。

2)将 adodb.inc.php 资料库载入后,就可以通过$this->ADONewConnection('mysql')语句连接 MySQL 数据库了,其中 ADONewConnection()函数在 adodb.inc.php 文件中创建。与不同的数据库连接,只要更改 ADONewConnection()函数里的参数值即可,添加的参数值可以是 mysql、mssql、mysqlt、sybase 等。

3)通过调用 ADONewConnection()函数中的 Connect()方法来连接具体 name 的数据库。

4)通过 execute()方法执行具体的 SQL 语句。

5)通过 ADONewConnection()函数中的 IsConnected()方法判断数据库的连接性。

3. parse_incoming()函数

parse_incoming()函数也是在 comment.php 文件中定义的,它主要实现了输入合法字符的功能,代码如下所示:

```php
function parse_incoming(){
    if( is_array($_REQUEST) ) {
        while( list($k, $v) = each($_REQUEST) ) {
            if ( is_array($_REQUEST[$k]) ) {
                while( list($k2, $v2) = each($_REQUEST[$k]) ) {
                    $return[$k][ $this->clean_key($k2) ] = $this->clean_value($v2);
                }
            } else {
                $return[$k] = $this->clean_value($v);
```

```
                }
            }
        }
        $this->INCOME = $return;
    }
```

以上代码执行的步骤如下：

1）通过 is_array 判断 REQUEST 对象获得的值是不是数组，如果是，则执行下面的 while 语句，将$_REQUEST 的值以"键/值对"的形式赋给 list 中的变量。

2）考虑到有可能是二维数组，再次判断$_REQUEST[$k]的值是不是数组，如果是，继续赋值，并返回这个二维数组的值；如果不是，只返回前面那个一维数组的值。最终通过 $this->INCOME=$return 语句返回 return 的值。

在赋值的时候，有可能出现空格、特殊符号等字符，影响输出的正确性，这时，在 comment.php 文件中设置了 clean_key()和 clean_value()两个函数，专门解决这个问题。在返回值时，通过$this->clean_key($k2)和$this->clean_value($v2)进行转换即可。

clean_key()和 clean_value()这两个函数的实现过程比较简单，这里不再一一列举。

4. build_pagelinks()函数

在 comment.php 文件中还定义了一个 build_pagelinks()函数，它主要实现分页的功能，包括首页、下一页、上一页和尾页的链接与跳转，代码如下所示：

```
function build_pagelinks($record) {
    $nav = array();

    if ( ($record['TOTAL_POSS'] % $record['PER_PAGE']) == 0 ){
        $page_num = $record['TOTAL_POSS'] / $record['PER_PAGE'];
    } else {
        $page_num = ceil($record['TOTAL_POSS'] / $record['PER_PAGE']);
    }
    $page_num--;
    //生成翻页链接
    if($record['CUR_ST'] == 0) {
        $nav['first_page'] = "<a href='#'>Firstpage</a>";
        $nav['last_page'] = "<a href='#'>Previouspage</a>";
    }else{
        $nav['first_page'] = "<a href='{$record['BASE_URL']}&amp;st=0'>Firstpage</a>";
        $nav['last_page'] = "<a href='{$record['BASE_URL']}&amp;st=".($record['CUR_ST']-1)."'>Previouspage</a>";
    }
    if($record['CUR_ST'] >= $page_num) {
        $nav['end_page'] = "<a href='#'>Lastpage</a>";
        $nav['next_page'] = "<a href='#'>Nextpage</a>";
    } else {
        $nav['end_page'] = "<a href='{$record['BASE_URL']}&amp;st={$page_num}'>Lastpage</a>";
        $nav['next_page'] = "<a href='{$record['BASE_URL']}&amp;st=".($record['CUR_ST']+1)."'>Nextpage</a>";
    }
    //生成跳转页
```

```
            $nav['jump_page'] = "<select onchange=\"javascript:window.location='{$record['BASE_URL']}
&amp;st=' + this.options[this.selectedIndex].value\">\n";
            for($i=0; $i<=$page_num; $i++){
                    $nav['jump_page'] .= " <option value={$i}";
                    if($i == $record['CUR_ST']){
                            $nav['jump_page'] .= " selected";
                    }
                    $nav['jump_page'] .= ">GoTo ".($i+1)."</option>\n";
            }
            $nav['jump_page'] .= "</select>";
            return "{$nav['first_page']} {$nav['last_page']} {$nav['next_page']} {$nav['end_page']} {$nav['jump_page']}";
        }
```

要实现分页的功能,"总页数"、"总记录数"、"每页显示数"、"当前页"这 4 个概念是必不可少的。以上代码执行的步骤如下：

1）声明几个变量,如$record['TOTAL_POSS']为"总记录数",$record['CUR_ST']为"当前页"。总页数可以由总记录数除以每页显示数得到,但是这可不是简单的除法,需要考虑余数的问题,所以用到"%"运算符,当$record['TOTAL_POSS']%$record['PER_PAGE'])==0时,表示正好整除,那么总页数就是总记录数/每页显示数得到的值。如果整除有余数,则总页数加 1 就可以了,使用 ceil()可以完成进 1 取整这个功能。

2）实现首页、下一页、上一页和尾页的链接。首先还得判断,如果$record['CUR_ST']==0,表明总页数只有 1,当前页也就是 1,那么首页和上一页只能跳转到当前页。否则,首页跳转到 href='{$record['BASE_URL']}&st=0',上一页跳转到 href='{$record['BASE_URL']}&st=".($record['CUR_ST']-1)."',即将当前页减 1 即可。实现下一页和尾页的跳转也是这样,不同的是下一页要加 1。

3）实现了随意跳转的功能,即在总页数范围内,想跳转到哪一页就跳转到哪一页。这个功能是用 HTML 的下拉列表框实现的。首先通过 for($i=0; $i<=$page_nurn;$i++)语句中的 for 循环得到每一页的值,并将其显示在下拉列表框中,然后给每个选项一个超链接 '{$record['BASE_URL']}&st='+ this.options[this.selectedlndex].value 即可。

5. Upload()函数

在 comment.php 文件中还有一个 upload()函数,它主要实现了上传文件的功能。代码如下所示：

```
function upload( $file, $address ) {
    if(!is_dir ( $address ) ) {
        mkdir($address, 0777);
    }
    if( !is_array( $file ) ) {
        $this->msg("对不起，没有上传文件");
    }
    $i = 0;
    foreach ( $file as $value ){
        if( filesize($value) > $this->CONF['upload']['filesize'] ) {
            $this->msg('对不起，上传文件超过限制');
        }
```

```
                    if ( !in_array(substr($value, -3), $this->CONF['upfile']['suffix']) ) {
                        $this->msg('对不起,文件的后缀名不符合系统要求,允许使用的后缀名为:
'.implode(" ", $this->CONF['upfile']['suffix']));
                    }
                    if ( $this->CONF['upload']['rename'] ) { //需要改名
                        $file_new_name = $value.date("YmdHis").".".substr($value, -3);
                    } else {
                        $file_new_name = $value;
                    }
                    if ( move_uploaded_file ( $value, $address.$file_new_name ) ) {
                        $up[$i]['old_name'] = $value;
                        $up[$i]['new_name'] = $file_new_name;
                        $i++;
                    }
                }
            }
            return $up;
        }
```

关于文件上传功能,要提到的要求有上传文件大小的限制、文件的格式限制、上传的文件可否更名和移动等。以上代码执行的步骤如下:

1)利用 is_dir 判断给定的文件名是否是一个目录,如果不是,则利用 mkdir 创建一个新目录,默认为 0777,是最大可能的访问权。有了目录后,就可以将文件上传到该目录中了。

2)将目录中的文件看成是数组中的一个元素,用一个 foreach 语句来遍历这个数组,$value 就是对应$file 中的值。设置了上传文件的大小、文件格式。这里假设待上传文件的大小 filesize($value)大于预定中设置的值,所以会出错。

3)通过 in_array(substr($value,-3)语句判断数组中的文件后缀名是否和预定中设置的一样,如果不一样,则提示错误信息,并显示正确的后缀名。

4)PHP 中还提供了一个可以将上传的文件移动到新位置的方法 move_uploade_file,通过判断,如果它为真,就可以移动文件。

6. Insert()函数和 update()函数

在 comment.php 中,还定义了两个与 SQL 有关的函数,分别是 insert()函数和 update()函数,用于进行添加和更新操作。代码如下所示:

```
function insert($record, $table){
    $i = 0;
    foreach($record as $key => $value){
        $key_arr[$i] = $key;
        $value_arr[$i] = "'{$value}'";
        $i++;
    }
    $sql = "INSERT INTO '{$table}' (".implode(",", $key_arr).") VALUES(".implode(",", $value_arr).")";
    $this->DB->execute($sql);
    return $this->DB->insert_id();
}

function update($record, $table, $condition){
    $sql = "UPDATE '{$table}' SET ";
    foreach($record as $key => $value){
```

```
                    $sql .= "'{$key}'='{$value}',";
            }
            $sql = substr($sql, 0, -1);
            $sql .= " WHERE {$condition}";
            return $this->DB->execute($sql);
        }
```

以上代码执行的步骤如下:

1）利用 foreach 的第二种格式遍历数组，得到数据库表的名称。

2）给出添加数据的统一 SQL 语句 INSERT INTO'{$table}' (".implode(",",$key_arr).") VALUES(".implode(",",$value_arr).")。

3）调用执行语句 execute($sql)就可以添加数据了。

在更新操作的 update()函数中，使用同样的方法执行更新 SQL 的操作，有一点不同的是，在通用的 SQL 语句中改成了 UPDATE 关键字，并添加了 WHERE 限制条件。

在 comment.php 文件中还有 msg()、check_null()、revert_value()和 FCK_show()几个函数，它们的实现过程比较简单，这里不再一一列举。

5.4 Smarty 模板实现

5.4.1 登录注册模块

登录和注册基本上是所有系统必须要考虑的需求，登录注册模块的代码实现千变万化，读者需要掌握的并不是实现它的代码，而是设计思想。

1. 登录

面向用户实现登录的具体操作是：输入用户名和密码，然后单击"登录"按钮，完成用户的登录。用户登录后，在页面中显示登录者的姓名。面向用户的 HTML 页面这里不再介绍。在企业信息展示系统中，不可能每个客户都可以登录，只有会员才可以登录，那么在这里就需要判断用户的真伪。另外，在输入用户名和密码时，两项内容必须都填写正确，缺一不可，所以定义一个 login.php 来做验证。

login.php 的代码如下所示：

```
<?php
require("include/comment.php");
require("include/user.class.php");

$user = new username();

if(empty($user->INCOME['username']) || empty($user->INCOME['password'])){
        $user->msg('pls fill in the username and password.', -1);
}
$user->user_login($user->INCOME['username'],$user->INCOME['password']);
?>
```

以上代码执行的步骤如下：

1）通过 require()加载 comment.php 和 user.class.php 两个类文件。因为在 comment.php 中

定义了和数据库的连接，在 user.class.php 中定义了核对用户的方法，这两个都要用到。

2）为$user 分配内存，这样才能调用 username 类中的 user_login()函数完成对合法会员的判断。

在输入用户名和密码时，两项内容必须都要填写，任何一个都不能为空，所以利用 empty()函数来判断用户名或密码是否为空。如果任意一个为空，则将停止执行，并且输出提示错误的语句。

2. user_login()函数

在 login.php 文件的开头载入了一个 user.class.php 文件，该文件中定义了一个 username 类，该类中又定义了一个 user_login()函数，这个函数用来核对输入的用户名和密码。

user_login()函数的实现代码如下所示：

```php
<?php
class username extends comment{
    function username(){
        parent::comment();
    }

    function add_user($record){
        $this->check_null($record['username'], '用户名');
        $this->check_null($record['password'], '密码');
        $this->check_null($record['email'], 'E-mail');
        $sql = "select count(*) as num from user_name where username='{$record['username']}'";
        $rs = $this->DB->execute($sql);
        $row = $rs->fields;
        if($row['num']>0){
            $this->msg('对不起，用户名已存在');
            exit();
        }
        $sql = "select count(*) as num from user_name where email='{$record['email']}'";
        $rs = $this->DB->execute($sql);
        $row = $rs->fields;
        if($row['num']>0){
            $this->msg('对不起，E-mail已存在');
            exit();
        }
        return $this->insert($record, 'username');
    }
    … //省略代码
    function login($username, $password){
        $sql = "select user_id, username from user_name where username='{$username}' and password='".md5($password)."' and is_admin='1'";
        $rs = $this->DB->execute($sql);
        if($rs->RecordCount() == 1){
            $row = $rs->fields;
            setcookie("admin[user_id]", $row['user_id']);
            setcookie("admin[username]", $row['username']);
            $this->msg('恭喜，您已经成功登录！', 'admin.php');
        }else{
```

```
                              $this->msg('用户名和密码不匹配或没有管理权限,请稍后重试!', -1);
            }
      }
… //省略代码


}
?>
```

以上代码中,username 类继承了 comment 类,表明已经具有了 comment 类中的所有功能。现在可以编写具体的 SQL 语句 select user_id, username, is_open from user_name where username='{$username}' and password='".md5($password)."',通过 select 关键字查询数据表 username 中的字段名,其中 password 利用 md5 算法进行了加密。然后通过 execute()方法执行 SQL 语句,得到数据表中相关的记录值,并保存到 fields 中。

3. 注册

面向用户实现注册的具体要求是:按要求填写注册列表中的信息,在填写信息时,有时会有具体的填写要求,例如两次密码输入要一致等。当所有信息填写完毕后,单击"注册"按钮即可完成注册。而管理员主要的工作就是将注册的个人信息写入数据库。注册页面可以由纯 HTML 文件实现,代码如下所示:

```html
<html>
<head>
<meta http-equiv="Content-Type" content="text/html; charset=gb2312" />
<title>企业信息</title>
<style type="text/css">
</style>
<script type="text/JavaScript">
… //省略代码
function check_sub( frm ){
      if(check_null("username",frm.username)){return false;}
      if(check_null("psw",frm.psw)){return false;}
      if(check_null("psw2",frm.psw2)){return false;}
      if(check_null("email",frm.email)){return false;}
      if(document.form1.psw.value != document.form1.psw2.value){
            alert("密码不一致!");
            return false;
      }
}
… //省略代码
</style>
</head>
… //省略代码
<body>
</body>
</html>
```

以上代码中,利用了 action= "register_do.php "请求来提交注册用户在表单中所填写的注册信息。注意该页面中各表单元素的名称应该与 register_do.php 中接收的属性名一致。

当单击"注册"按钮时,系统将把请求提交到 register_do.php 文件中进行处理。下面来看一下 register_do.php 文件是怎么处理的,如下代码所示:

```php
<?php
require("include/comment.php");
require("include/user.class.php");

$user = new username();            //为username类分配内存

$record['username'] = $user->INCOME['username'];
$record['password'] = md5($user->INCOME['psw']);
$record['email'] = $user->INCOME['email'];
$record['company'] = $user->INCOME['company'];
$record['name'] = $user->INCOME['name'];
$record['country'] = $user->INCOME['country'];
$record['tel'] = $user->INCOME['tel'];
$record['fax'] = $user->INCOME['fax'];

if($user->add_user($record)){
        $user->msg('Register OK!', 'index.php');
}

?>
```

以上代码中，将处理添加用户的逻辑指向了 user.class.php 文件，user.class.php 文件中的 add_user()函数才是处理添加用户功能的真正逻辑。通过 if 语句进行判断即可，如果为真，则注册成功，并返回 index.php 页面。同理，要使用 add_user()函数，必须先加载 user.class.php 文件，该文件中定义了一个 username 类，为该类分配一个内存，就可以使用该类中的任何函数了。注册功能最主要的逻辑封装在 add_user()函数中，通过它才能完成注册任务。

5.4.2 产品展示

1．产品展示功能实现

由于用到了 Smarty 模板，所以对应着有个 products.php 文件，如下代码所示：

```php
<?php
require("include/comment.php");
require("include/product.class.php");

$product = new product();
$i = 0;
$sort_arr = $product->get_sort();           //调用get_sort()函数
foreach ($sort_arr as $value){              //遍历种类数组，得出一级、二级、三级产品
        $sort[$i] = $value;
        $sort2_arr = $product->get_sort($value['id']);
        $j = 0;
        $sort2 = array();
        foreach ($sort2_arr as $value2){
            $sort2[$j] = $value2;
            $sort3_arr = $product->get_sort($value2['id']);
            $k = 0;
            $sort3 = array();
            foreach ($sort3_arr as $value3){
                $sort3[$k] = $value3;
```

```php
                            $k++;
                    }
                    $sort2[$j]['sort3'] = $sort3;
                    $j++;
            }
            $sort[$i]['sort2'] = $sort2;
            $sort[$i]['number'] = $product->get_f_num($value['id']);
            $i++;
    }
    $product->assign('sort',$sort);
    $sort_id = $product->INCOME['sort_id']?$product->INCOME['sort_id']:0;
    $product->assign('sort_id', $sort_id);
    $f_id = $product->INCOME['f_id']?$product->INCOME['f_id']:0;
    $product->assign('f_id', $f_id);

    if($sort_id){
            $sql = "select id from product_sort where fidlist LIKE '{$sort_id},%' OR fidlist LIKE '%,{$sort_id},%' OR id = {$sort_id}";
    }else{
            $sql = "select id from product_sort";
    }

    $rs = $product->DB->execute($sql);
    $i = 0;
    $arr = array();
    while(!$rs->EOF()){
            $row = $rs->fields;
            $arr[$i] = $row['id'];
            $i++;
            $rs->MoveNext();
    }
    //获取产品数量，并分页显示
    $sort_arr = implode(",", $arr);

    $sql = "select count(*) as num from product_products where sort_id in ({$sort_arr})";

    $rs = $product->DB->execute($sql);
    $row = $rs->fields;
    $page_num = 9;
    $st = $product->INCOME['st']?$product->INCOME['st']:0;
    $pages = $product->build_pagelinks(array(   'TOTAL_POSS'    => $row['num'],
                                                'PER_PAGE'      => $page_num,
                                                'CUR_ST'        => $st,
                                                'BASE_URL'      => "products.php?f_id={$f_id}&sort_id={$sort_id}"
                                                )
    );
    $product -> assign( "pages" , $pages);
    $sql = "select id, name, img from product_products where sort_id in ({$sort_arr}) order by product_products.orderby asc LIMIT ".$st*$page_num.','.$page_num;
```

```
$rs = $product->DB->execute($sql);
$i=0;
$arr = array();
while(!$rs->EOF()){
      $row = $rs->fields;
      $arr[$i] = $row;
      $i++;
      $rs->MoveNext();
}

$product->assign('product', $arr);
$product->assign('small_img_path', $product->up_img);
$product -> display("products.html");
?>
```

以上代码执行的步骤如下：

1）判断该用户是否登录，当 user_id 或 is_open 为 0 时，表明该用户还没有登录系统，所以还不具备查看具体产品信息的权限；反之，则表明用户已经登录，可以查看产品信息了。

2）调用 product.class.php 中的 get_sort()函数获得产品种类，然后通过 foreach 语句遍历种类数组，得到具体的一级种类和二级种类。

3）根据 sort_id 从数据库中得到具体的种类。

4）根据 select count(*) as num from product_products where sort_id in ({$sort_arr})这条语句得到总产品数量并实现分页功能，规定每页显示 9 件产品。

5）根据 select id, name, img from product_products where sort_id in ({$sort_arr})order by product_products.orderby asc LIMIT".$st*$page_num." ','.$page_num 这条语句得到具体的产品。

6）调用 Smarty 的 assign 方法将变量 product、small_img_pad 置入模板里，最后调用 display 方法将 products.html 网页展示出来。

对于 Smarty 模板技术的应用，首先得加载 Smarty.class.php 文件，只要通过 require 将其包含进来即可，方法如下所示：

```
Require(_SITE_ROOT. '/Smarty.class.php');
```

其次要建立 Smarty 模板对象，可以这样建立：

```
$this->Smarty();
```

在 comment.php 文件中，对应用 Smarty 模板的前两步已经做好了准备，只要通过 require("../include/comment.php ")语句将其包含进来即可。接下来为 Smarty 对象设立参数，可以为空，也可以不为空，通常设为空。通过$product->assign('product ', $arr)语句将 Smarty 的 assign 方法中的$arr 变量置入模板中。

调用 Smarty 的 display 方法将显示页面。$product->display("products.html")语句将通过 product.html 进行显示。Product.html 实现比较简单，由于篇幅原因，这里不再一一列举。

2．种类和种类数量的获取实现

这里用到 product.class.php 中的两个函数，分别是 get_sort()函数和 get_f_num()函数。get_sort()函数的作用是得到产品的种类；get_f_num()函数的作用是得到产品种类的数量，如下代码所示：

```
<?php
```

```php
    … //省略代码
        function get_sort($fid = 0){
            $sql = "select * from product_sort where fid={$fid}";
            $rs = $this->DB->execute($sql);
            $arr = array();
            while(!$rs->EOF){
                $row = $rs->fields;
                $arr[$i] = $row;
                $i++;
                $rs->MoveNext();
            }
            return $arr;
        }

        function get_sort_info($id){
            $sql = "select * from product_sort where id = {$id}";
            $rs = $this->DB->execute($sql);
            $row = $rs->fields;
            return $row;
        }

        function get_f_num($sort_id){
            $sql = "select id from product_sort where fidlist LIKE '{$sort_id},%' OR fidlist LIKE '%,{$sort_id},%' OR id = {$sort_id}";
            $rs = $this->DB->execute($sql);
            $i = 0;
            $arr = array();
            while(!$rs->EOF()){
                $row = $rs->fields;
                $arr[$i] = $row['id'];
                $i++;
                $rs->MoveNext();
            }

            $sort_arr = implode(",", $arr);

            $sql = "select count(*) as num from product_products where sort_id in ({$sort_arr})";
            $rs = $this->DB->execute($sql);
            $row = $rs->fields;
            return $row['num'];
        }

        function get_new_product($num =0){
            $sql = "select id,name,img from product_products where indexshow = 1 order by id desc limit 0,{$num}";
            $rs = $this->DB->execute($sql);
            $i = 0;
            $arr = array();
            while(!$rs->EOF()){
                $row = $rs->fields;
```

```
                $arr[$i] = $row;
                $i++;
                $rs->MoveNext();
        }
        return $arr;
    }
… //省略代码
?>
```

系统中种类分一级种类和二级种类，通过第一次执行 SQL 得到了所有的种类，并将它们放在了$arr[$i]数组中，接下来只要得到该数组中的所有元素的和就可以了，元素的和即总种类数量。再通过 select count(*) as num from product_products where sort_id in ($sort_arr))这条语句就可以达到预想的效果。

3．产品跳转链接实现

showproduct.php 完成了具体的跳转功能，如下代码所示：

```
… //省略代码
<?php
require("include/comment.php");
require("include/product.class.php");

$product = new product();
$product->check_null($product->INCOME['id'], 'Product ID');
$product_info = $product->get_product($product->INCOME['id']);
$product->assign('img_path', $product->up_img);
$this_sort = $product->get_sort_info($product_info['sort_id']);
$this_f_arr = explode(",", $this_sort['id'].",".$this_sort['fidlist']);
$this_f_arr = array_reverse($this_f_arr);

$i = 0;
foreach($this_f_arr as $value){
    if($value){
        $arr[$i] = $value;
        if($i == 0){
            $base_id = $value;
        }
        $i++;
    }
}
$sql = "select id,name from product_sort where id in (".implode(",", $arr).")";

$rs = $product->DB->execute($sql);
$i = 0;
while($row = $rs->fields){
    $str[$i]= "<strong><a href=\"products.php?sort_id={$row['id']}&f_id={$base_id}\">{$row['name']}</a></strong>";
    $i++;
    $rs->MoveNext();
}
$product->assign("from_sort", implode(" &gt;&gt; ", $str));
```

```
$product->assign($product_info);
$product->display('showproduct.html');
?>
…  //省略代码
```

以上代码执行的步骤如下:

1) 加载必要的文件,用于数据库的连接和相关逻辑处理函数。
2) 通过 get_product()函数获得产品的基本信息。
3) 由于本系统有一级种类、二级种类和三级种类,所以具体的导航定位还要进一步设置。
4) 执行$product->assign($product_info)等语句,将$product_info 变量置入 Smarty 模板中;将产品图片上传路径 img-path 置入 Smarty 模板中;将种类目录导航变量 from_sort 置入 Smarty 模板中。
5) 调用 Smarty 的 display 方法将网页 showproduct.html 显示出来。

在获得产品基本信息和种类信息功能方面,主要由 get_product()函数和 get_sort_info()函数完成。get_product()函数实现了获得产品基本信息的功能;get_sort_info()函数实现了获得种类信息的功能。

5.4.3 信息反馈

实现信息反馈的具体功能。面向用户的发送反馈信息功能主要由 feedback_do.php、feedback.class.php 和 feedback.htm 3 个文件完成。

1. 处理添加反馈信息

添加反馈信息的主界面由 feedback.htm 文件实现,它是个纯 HTML 格式的网页,主要提供了要填写反馈内容的样式,完成发表反馈信息的功能,输入的反馈信息正确无误后,单击"提交"按钮,将转入 feedback_do.php 进行处理,该文件的功能是处理所添加的反馈信息,如下代码所示:

```php
<?php
require("include/comment.php");
require("include/feedback.class.php");

$feedback = new feedback();

$record['subject'] = $feedback->INCOME['subject'];
$record['content'] = $feedback->INCOME['content'];
$record['name'] = $feedback->INCOME['name'];
$record['company'] = $feedback->INCOME['company'];
$record['address'] = $feedback->INCOME['address'];
$record['tel'] = $feedback->INCOME['tel'];
$record['fax'] = $feedback->INCOME['fax'];
$record['country'] = $feedback->INCOME['country'];
$record['business'] = implode(",",$feedback->INCOME['business']);
if($feedback->add($record)){
    $feedback->msg('Send feedback OK', 'feedback.htm');
}
?>
```

在以上代码中,首先通过 require 加载 comment.php 和 feedback.class.php 两个文件,这样就可以运用它们中所定义的函数完成特定的功能。add()函数是写在 feedback 类中的

（feedback.class.php 文件中定义了该类），要想运用该函数，必须要为 feedback 类分配内存。然后获得表单元素中的值，将其放入$record[]数组中，并通过if语句判断$feedback->add($record)的值，如果为真，则表明添加反馈信息成功，输出发送反馈信息成功提示。

2．添加反馈信息

整个处理添加反馈信息的过程逻辑都是由 add()函数来完成的，add()函数的实现，如下代码所示：

```php
<?php
class feedback extends comment{
    function feedback(){
        parent::comment();
    }

    function add($record){
        return $this->insert($record, 'feedback');
    }

    function edit($record){
        $condition = "id = '{$record['id']}'";
        unset($record['id']);
        return $this->update($record, 'feedback', $condition);
    }
    … //省略代码
}
?>
```

这里，同样调用了 comment.php 中的 insert()函数来完成添加反馈信息的操作，至此，添加反馈信息的操作已完成。

5.4.4 企业新闻

实现企业新闻的具体文件。面向用户的企业新闻主要由 news.php、shownews.php、news.html 和 shownews.html 这 4 个文件组成。

在业内新闻的主界面中，列出了所有的新闻标题列表，并且为每个新闻标题创建了超链接，同时给出了分页功能。该页面是由 news.html 文件显示的，由于它是由 Smarty 模板显示出来的，所以对应会有一个 news.php 文件，该文件给出了显示所有新闻标题列表的实现过程。企业新闻列表显示页面，如下代码所示：

```php
<?php
require("include/comment.php");
require("include/news.class.php");

$news = new news();

$news->assign('news', $news->list_news($news->INCOME['st']));
$news->display('news.html');
?>
```

news.php 文件中的代码很简单，即仅使用$news->list_news，通过 Smarty 的 assign 方法将 list_news()函数加载到 Smarty 模板中即可获得新闻列表，news.php 使用了一个典型的 Smarty 模板。list_news()函数是在 news.class.php 文件中被定义的，在该函数中同时也实现了分页功能，如下代码所示：

```php
<?php
class news extends comment {

    function news() {
        parent::comment();
    }

    function get_count(){
        $sql = "SELECT COUNT(*) AS num FROM news
                    WHERE 1 = 1 ";

        $rs = $this->DB->Execute($sql);
        $row = $rs->fields;
        return $row['num'];
    }

    function list_news($st = 0, $sort_id = 0) {
        $page_num = 30;              //设置每页显示30项
        $pages = $this->build_pagelinks(array(  'TOTAL_POSS' => $this->get_count(), 'PER_PAGE'=> $page_num, 'CUR_ST' => $st, 'BASE_URL' => "news.php?act=news_manage"));
        $this -> assign( "pages" , $pages);
        $sql = 'select id,title,puttime from news order by id desc LIMIT '.$st*$page_num.','.$page_num;
        $rs = $this->DB->execute($sql);    //按降序获取新闻标题
        $i=0;
        while(!$rs->EOF()){
            $row = $rs->fields;
            $arr[$i] = $row;
            $i++;
            $rs->MoveNext();
        }
        return $arr;
    }

    function add_news($record){
        if($this->insert($record, 'news')) {
            return $this->DB->Insert_ID();
        } else {
            return false;
        }
    }

    function edit_news($record){
        $condition = "id = '{$record['id']}'";
        unset($record['id']);
        if($this->update($record, 'news', $condition)) {
            return true;
        } else {
            return false;
        }
    }
```

```php
    function del_news($id){
        if(empty($id)){
            $this->msg('对不起，新闻ID不能为空！', -1);
        }
        $sql = "DELETE FROM news WHERE id={$id}";
        if($this->DB->execute($sql)){
            return true;
        }else{
            return false;
        }
    }

    function get_news($id){            //根据ID获取新闻内容
        if(empty($id)){
            $this->msg('对不起，产品ID不能为空！', -1);
        }
        $sql = "SELECT * FROM news
                    WHERE id = {$id}";
        $rs = $this->DB->execute($sql);
        $row = $rs->fields;
        $row['content'] = $this->revert_value($row['content']);
        return $row;
    }
}
?>
```

以上代码执行的步骤如下：

1) 设置每页显示新闻标题的数量为 30。

2) 调用 build_pagelinks()函数实现分页功能。build_pagelinks()函数是在 comment.php 文件中定义的。

3) "order by id desc"表明查询结果是依据 id 按降序排列。

4) 利用 while 循环将结果保存到$arr[ ]数组中，并返回。

5) 判断$id 是否存在，在不为空的情况下，将执行 SQL 语句，利用 WHERE 限制条件，将根据 id 获得对应的新闻内容。

6) 取出新闻内容，如果新闻内容中有些特殊符号，则可以利用 revert_value()函数对它们进行转换，最终返回新闻内容。

5.4.5 管理模块的实现

1. 用户管理模块的实现

用户管理模块主要实现管理员对注册用户的编辑、修改、删除和修改密码等功能，在用户登录或注册的时候，都会用到 user.class.php 文件，而在该文件中，不仅提供了登录时用户验证的方法和添加注册用户的方法，而且还提供了面向管理用户管理的所有方法。如下代码所示：

```php
<?php
class username extends comment{
    function username(){
        parent::comment();
    }
```

```php
…  //省略代码
function edit_user($record){
    $condition = "user_id = '{$record['user_id']}'";
    return $this->update($record, 'username', $condition);
}

function del_user($id){
    $this->check_null($id, '用户ID');
    $sql = "delete from user_name where user_id = {$id}";
    return $this->DB->execute($sql);
}

function list_user($st = 0) {
    $page_num = 30;
    $pages = $this->build_pagelinks(array( 'TOTAL_POSS' => $this->get_count(),'PER_PAGE'=> $page_num, 'CUR_ST' => $st, 'BASE_URL' => "user.php?act=list_user"));
    $this -> assign( "pages" , $pages);
    $sql = 'select * from user_name order by user_id desc LIMIT '.$st*$page_num.','.$page_num;
    $rs = $this->DB->execute($sql);
    $i=0;
    while(!$rs->EOF()){
        $row = $rs->fields;
        $arr[] = $row;
        $i++;
        $rs->MoveNext();
    }
    return $arr;
}

function get_count(){
    $sql = "SELECT COUNT(*) AS num FROM user_name";
    $rs = $this->DB->Execute($sql);
    $row = $rs->fields;
    return $row['num'];
}

function update_user_psw($record){
    $this->check_null($record['user_id'], '用户ID');
    $this->check_null($record['new_psw'], '新密码');
    $this->check_null($record['new_psw2'], '新密码2');
    if($record['new_psw'] != $record['new_psw2']){
        $this->msg('对不起，两次密码输入不同！');
    }
    $ret['password'] = md5($record['new_psw']);
    return $this->update($ret, 'username', "user_id = {$record['user_id']}");
}

function get_user_info($user_id){
    $this->check_null($user_id, '用户ID');
    $sql = "select * from user_name where user_id = {$user_id}";
```

```
            $rs = $this->DB->execute($sql);
            $row = $rs->fields;
            return $row;
        }
…   //省略代码
    }
?>
```

1）定义了一个 username 类，它继承了 comment 类（comment 类是在 comment.php 中定义的），所以它将拥有 comment 类中所有函数的功能。

2）定义了一个 edit_user()函数，专门为管理员编辑会员提供逻辑。

3）定义一个 del_user()函数，专门为管理员删除会员提供逻辑。

4）定义了一个 update_user_psw()函数，专门为管理员修改密码提供逻辑。

5）在 list_user()函数中，首先通过调用 build_pagelinks()函数（在 comment.php 中定义的）获得分页功能，并且预定义了每页所显示用户的数量为 30，然后执行 SQL 语句获得用户记录集，关键字 desc 表明在执行 SQL 语句时，将 user_id 按降序排列得到用户记录集。最后通过 while 循环将记录存放到数组中，并返回数组$arr[ ]。

在执行 list_user()函数的过程中，要用到分页功能，而在实现分页功能时，需要获得会员的总数量，在 user.class.php 文件中还必须提供一个获得用户数量的函数，即 get_count()函数。

用户管理模块表示层的实现过程同样结合了前面的 Smarty 模板中的 user.php 文件完成了管理员在单击"修改资料"、"删除"或"修改密码"按钮时，不同页面的转换功能，以及相关处理操作的实现，如下代码所示：

```
<?php
if(!$_COOKIE['admin']['user_id']){
    exit();
}
require("../include/comment.php");
require("../include/user.class.php");

$user = new username();

switch ($user->INCOME['act']){
    case 'user_edit_psw':
        $arr = $user->get_user_info($user->INCOME['user_id']);
        $user->assign('username', $arr['username']);
        $user->assign('user_id', $user->INCOME['user_id']);
        break;
    case 'user_edit_psw_do':
        $record['user_id'] = $user->INCOME['user_id'];
        $record['new_psw'] = $user->INCOME['new_psw'];
        $record['new_psw2'] = $user->INCOME['new_psw2'];
        if($user->update_user_psw($record)){
            $user->msg('恭喜，修改密码成功！', 'user.php');
        }else{
            $user->msg('对不起，无法修改密码', -1);
        }
    break;
```

```php
            case 'user_edit':
                $user_info = $user->get_user_info($user->INCOME['user_id']);
                $user->assign($user_info);
                //$user->assign('username', $user_info['username']);
                //$user->assign('is_open', $user_info['is_open']);
                //$user->assign('is_admin', $user_info['is_admin']);
            break;
            case 'user_edit_do':
                $user->check_null($user->INCOME['user_id'], '用户ID');
                $record['user_id'] = $user->INCOME['user_id'];
                $record['is_open'] = $user->INCOME['is_open'];
                $record['is_admin'] = $user->INCOME['is_admin'];
                $record['company'] = $user->INCOME['company'];
                $record['name'] = $user->INCOME['name'];
                $record['country'] = $user->INCOME['country'];
                $record['tel'] = $user->INCOME['tel'];
                $record['fax'] = $user->INCOME['fax'];
                if($user->edit_user($record)){
                    $user->msg('恭喜，修改用户资料成功！', 'user.php');
                }else{
                    $user->msg('对不起，无法修改资料', -1);
                }
            break;
            case 'del_user':
                if($user->del_user($user->INCOME['user_id'])){
                    $user->msg('恭喜，删除用户成功！', 'user.php');
                }else{
                    $user->msg('对不起，无法删除用户', -1);
                }
            break;
            default:
                $user->assign('user', $user->list_user());
    }
    $user -> assign("act", $user->INCOME['act']);
    $user -> display("manage/user.html");
?>
```

以上代码执行的步骤如下：

1）通过 cookie 判断管理员有没有登录，如果有，将执行后续代码；如果没有，则退出系统，这段代码的功能是防止别人恶意跳转后续页面。

2）编写了一个 switch…case 语句，分 5 种情况讨论，程序将按照 case 语句中的值来执行。

3）当 case 的值为 user_edit_psw 时，将跳转到修改密码页面。

4）当 case 的值为 user_edit 时，将跳转到修改资料页面。

5）当 case 的值为 del_user 时，调用 del_user()函数（在 user.class.php 文件中定义的）实现删除用户逻辑。

6）当 case 的值为 user_edit_psw_do 时，将在修改密码页面执行修改密码操作，并调用 update_user_psw()函数（在 user.class.php 文件中定义的）实现修改密码逻辑。

7）当 case 的值为 user_edit_do 时，将在修改资料页面执行修改资料操作，调用 edit_user()

函数（在 user.class.php 文件中定义的）实现修改资料逻辑。

Smarty 模板通过$user->display("manage/user.html ")语句将处理用户所进行的操作显示在 user.html 网页中，该页面就是用户管理界面，和用户有关的操作都在此页面中进行。

2．产品管理模块的实现

面向管理管理模块主要由 product.php、 product_class.php 和 product.html 这 3 个文件完成，下面来看一下它们的具体实现代码。

product_class.php 文件是实现产品管理模块所有功能的逻辑文件。在该文件中定义了若干函数用于处理与产品管理模块相关的操作，如下代码所示：

```php
<?php
class product extends comment {
    var $fidlist,$layer;

    var $up_img     = 'upload/img/';          //图片上传地址
    var $up_small_img = 'upload/smallimg/';    //缩略图地址

    function product() {
        parent::comment();
    }
    //添加产品新分类
    function add_sort($record) {
        $sql = 'select count(id) as num from product_sort where name='.$record['name'].' and fid='.$record['fid'];
        $rs = $this->DB->execute($sql);
        $row = $rs->fields;
        if($row['num']>0){
            $this->msg("分类有重复！ ", "-1");
        }

        $this->_get_fid_info($record['fid']);
        $sql = 'insert into product_sort(fid, name, fidlist, layer) values('.$record['fid'].',"'.$record['name'].'","'.$this->fidlist.'",'.$this->layer.')';
        echo $sql;
        $rs = $this->DB->execute($sql);
        if($rs){
            $this->msg("分类添加成功", 'product.php?act=sort_manage');
        }else{
            $this->msg("无法操作数据库，请稍后重试！ ", "-1");
        }
    }
    //编辑类别
    function edit_sort($record) {
        $sql = 'select count(id) as num from product_sort where name="'.$record['name'].'" and id<>'.$record['id'];
        $rs = $this->DB->execute($sql);
        $row = $rs->fields;
        if($row['num'] > 0){
            $this->msg("对不起，分类名重复！ ");
```

```php
            }
            $this->_get_fid_info($record['fid']);
            $sql = 'update product_sort set name="'.$record['name'].'" where id='.$record['id'];
            if($this->DB->execute($sql)){
                return true;
            }else{
                return false;
            }
        }
        //根据ID删除类别
        function del_sort($id) {
            $sql = "DELETE FROM product_sort
                        WHERE id={$id}";
            return $this->DB->Execute($sql);
        }
        //获得产品种类列表清单
        function list_sort() {
            $sql = 'select * from product_sort';
            $rs = $this->DB->execute($sql);
            $i=0;
            while (!$rs->EOF())    {
                $row = $rs->fields;
                $arr[$i]['i'] = $i;
                $arr[$i]['id'] = $row['id'];
                $arr[$i]['fid'] = $row['fid'];
                $arr[$i]['name'] = $row['name'];
                $arr[$i]['fidlist'] = $row['fidlist'];
                $arr[$i]['layer'] = $row['layer'];
                $i++;
                $rs->MoveNext();
            }
            return $arr;
        }
        //根据fid获得信息
        function _get_fid_info ($fid) {
            if($fid == 0) {
                $this->fidlist = "0";
                $this->layer = 0;
            } else {
                $sql = "select id,fidlist,layer from product_sort where id=$fid";
                $rs= $this->DB->execute($sql);
                $row = $rs->fields;
                $this->fidlist = $row['id'].",".$row['fidlist'];
                $this->layer = $row['layer']+1;
            }
        }
        //获得产品数量
        function get_count($sort_id = 0){
            if($sort_id) {
                $where = " and sort_id = {$sort_id}";
```

```php
        }else{
            $where = "";
        }
        $sql = "SELECT COUNT(*) AS num FROM product_products
                WHERE 1 = 1 {$where}";

        $rs = $this->DB->Execute($sql);
        $row = $rs->fields;
        return $row['num'];
    }
    //获得产品列表清单
    function list_product($st = 0, $sort_id = 0) {
        $page_num = 30;
        $pages = $this->build_pagelinks(array( 'TOTAL_POSS' => $this->get_count($sort_id), 'PER_PAGE' => $page_num, 'CUR_ST'   => $st, 'BASE_URL' => "product.php?act=product_manage" ));
        $this -> assign( "pages" , $pages);
        $sql = 'select product_products.id,product_products.sort_id,product_products.name,product_products.puttime,product_products.size,product_sort.name as sort_name from product_products,product_sort where product_products.sort_id=product_sort.id order by product_products.orderby asc LIMIT '.$st*$page_num.','.$page_num;
        $rs = $this->DB->execute($sql);
        $i=0;
        while(!$rs->EOF()){
            $row = $rs->fields;
            $arr[$i] = $row;
            $i++;
            $rs->MoveNext();
        }
        return $arr;
    }
    //添加产品
    function add_product($record){
        if($this->insert($record, 'product_products')) {
            return $this->DB->Insert_ID();
        } else {
            return false;
        }
    }
    //编辑产品
    function edit_product($record){
        $condition = "id = '{$record['id']}'";
        unset($record['id']);
        if($this->update($record, 'product_products', $condition)) {
            return true;
        } else {
            return false;
        }
    }
    //删除产品信息
```

```php
function del_product($id){
    if(empty($id)){
        $this->msg('对不起，产品ID不能为空！', -1);
    }
    $product_info = $this->get_product($id);
    unlink($this->CONF['dir']['path'].$this->up_img.$product_info['img']);
    unlink($this->CONF['dir']['path'].$this->up_small_img.$product_info['img']);
    $sql = "DELETE FROM product_products WHERE id={$id}";
    if($this->DB->execute($sql)){
        return true;
    }else{
        return false;
    }
}

function get_product($id){
    if(empty($id)){
        $this->msg('对不起，产品ID不能为空！', -1);
    }
    $sql = "SELECT * FROM product_products
            WHERE id = {$id}";
    $rs = $this->DB->execute($sql);
    $row = $rs->fields;
    $row['content'] = $this->revert_value($row['content']);
    return $row;
}

function get_sort($fid = 0){
    $sql = "select * from product_sort where fid={$fid}";
    $rs = $this->DB->execute($sql);
    $arr = array();
    while(!$rs->EOF){
        $row = $rs->fields;
        $arr[$i] = $row;
        $i++;
        $rs->MoveNext();
    }
    return $arr;
}

function get_sort_info($id){
    $sql = "select * from product_sort where id = {$id}";
    $rs = $this->DB->execute($sql);
    $row = $rs->fields;
    return $row;
}

function get_f_num($sort_id){
    $sql = "select id from product_sort where fidlist LIKE '{$sort_id},%' OR fidlist LIKE '%,{$sort_id},%' OR id = {$sort_id}";
```

```php
        $rs = $this->DB->execute($sql);
        $i = 0;
        $arr = array();
        while(!$rs->EOF()){
            $row = $rs->fields;
            $arr[$i] = $row['id'];
            $i++;
            $rs->MoveNext();
        }

        $sort_arr = implode(",", $arr);

        $sql = "select count(*) as num from product_products where sort_id in ({$sort_arr})";
        $rs = $this->DB->execute($sql);
        $row = $rs->fields;
        return $row['num'];
    }

    function get_new_product($num =0){
        $sql = "select id,name,img from product_products where indexshow = 1 order by id desc limit 0,{$num}";
        $rs = $this->DB->execute($sql);
        $i = 0;
        $arr = array();
        while(!$rs->EOF()){
            $row = $rs->fields;
            $arr[$i] = $row;
            $i++;
            $rs->MoveNext();
        }
        return $arr;
    }

    function product_search($st = 0, $record) {
        $sql_where = "";
        if($record['name_key']){
            $sql_where .= " and product_products.name {$record['name_do']} '{$record['name_key']}'";
        }
        if($record['sort_id_key']){
            $sql_where .= " and product_products.sort_id {$record['sort_id_do']} '{$record['sort_id_key']}'";
        }
        $sql = "select count(*) as num from product_products where 1=1 {$sql_where}";
        $rs = $this->DB->execute($sql);
        $row = $rs->fields;
        $page_num = 30;
        $pages = $this->build_pagelinks(array( 'TOTAL_POSS'=> $row['num'], 'PER_PAGE'=> $page_num, 'CUR_ST'=> $st, 'BASE_URL' => "product.php?act=product_search_do&name_do={$record['name_do']}&name_key={$record['name_key']}&sort_id_do={$record['sort_id_do']}&sort_id_key={$record['sort_id_key']}",
```

第5章 企业网站系统的设计与实现

```php
                                        )
                                );
                $this -> assign( "pages" , $pages);
                $sql = "select product_products.id,product_products.sort_id,product_products.name,product_products.puttime,product_products.size,product_sort.name as sort_name from product_products,product_sort where product_products.sort_id=product_sort.id {$sql_where} order by product_products.orderby asc LIMIT ".$st*$page_num.",".$page_num;
                $rs = $this->DB->execute($sql);
                $i=0;
                while(!$rs->EOF()){
                    $row = $rs->fields;
                    $arr[$i] = $row;
                    $i++;
                    $rs->MoveNext();
                }
                return $arr;
        }
}
?>
```

以上代码执行的步骤如下：

1）定义了一个 product 类，该类继承自 comment（在 comment.php 中定义的）类。
2）定义了一个 add_sort()函数，该函数实现了添加产品新分类的功能。
3）定义了一个 edit_sort()函数，该函数实现了编辑产品类别的功能。
4）定义了一个 del_sort()函数，这个函数比较简单，主要实现了根据 ID 删除类别的功能。
5）定义了一个 list_sort()函数，该函数实现了获得产品种类列表清单的功能。
6）定义了一个 get_count()函数，该函数实现了获得产品数量的功能。
7）定义了一个 list_product()函数，该函数实现了获得产品列表清单的功能。
8）定义了 add_product()函数和 edit_product()函数，这两个函数分别实现了添加产品和编辑产品的功能，这两个函数主要调用父类 comment 中的 insert()函数和 update()函数来实现添加和更新操作。
9）定义了一个 del_product()函数，该函数实现了删除产品信息的功能。
10）最后定义了一个 product_search()函数，该函数实现了产品搜索的功能。

产品管理模块表示层的实现是利用 Smarty 模板将 product.php 代码与 product.html 文件分离，从而实现效果。product_class.php 是整个产品管理模块的功能逻辑实现代码，如下代码所示：

```php
<?php
if(!$_COOKIE['admin']['user_id']){
    exit();
}
require("../include/comment.php");
require("../include/product.class.php");
$product = new product();
$product -> assign("arr",$product->list_sort());
$product -> assign("sort_id", $product->INCOME['sort_id']?$product->INCOME['sort_id']:0);

switch($product->INCOME['act']) {
    case 'sort_add_do':     //响应添加
        $product -> check_null($product->INCOME['name'], '分类名称');
```

```php
            $record['name'] = $product->INCOME['name'];
            $record['fid'] = $product->INCOME['sort_id'];
            if($product -> add_sort($record)){
                $product->msg("添加产品分类成功！", 'product.php?act=sort_manage');
            }else{
                $product->msg("对不起，无法添加产品分类！", -1);
            }
        break;
        case 'sort_edit_do':    //响应编辑
            $product -> check_null($product->INCOME['id'], '分类ID');
            if ($product->INCOME['submit'] == "编辑"){
                $product -> check_null($product->INCOME['name'], '分类名称');
                $record['id'] = $product->INCOME['id'];
                $record['name'] = $product->INCOME['name'];
                if($product -> edit_sort($record)){
                    $product->msg('恭喜，编辑分类成功！', 'product.php?act=sort_manage');
                }else{
                    $product->msg('对不起，无法编辑分类', -1);
                }
            }elseif ($product->INCOME['submit'] == "删除") {
                $product -> check_null($product->INCOME['id'], '分类ID');
                if($product -> del_sort($product->INCOME['id'])){
                    $product->msg('恭喜，您已经成功删除产品分类', 'product.php?act=sort_manage');
                }else{
                    $product->msg('对不起，无法删除产品分类！', -1);
                }
            }
        break;
        case 'product_manage':
            $product->assign('product',$product->list_product($product->INCOME['st']));
        break;
        case 'product_search_do':
            ini_set("display_errors", true);
            $record = array();
            $record['name_do'] = $product->INCOME['name_do'];
            $record['name_key'] = $product->INCOME['name_key'];
            $record['sort_id_do'] = $product->INCOME['sort_id_do'];
            $record['sort_id_key'] = $product->INCOME['sort_id_key'];
            $product->assign('product', $product->product_search($product->INCOME['st'],$record));
        break;
        case 'product_add_do':       //判断商品名称及分类是否为空
            $product->check_null($product->INCOME['name'], '产品名称');
            $product->check_null($product->INCOME['sort_id'], '产品分类');
            $record = array();
            $record['name'] = $product->INCOME['name'];
            $record['sort_id'] = $product->INCOME['sort_id'];
            $record['content'] = $product->INCOME['content'];
            $record['size'] = $product->INCOME['size'];
            $record['orderby'] = $product->INCOME['orderby'];
            $record['indexshow'] = $product->INCOME['indexshow'];
            $record['puttime'] = date("Y-m-d H:i:s");
            $record['img'] = '';
            if($_FILES['upimg']['name']){
//获得上传产品图片名称和保存路径
                if ( $product->CONF['upload']['rename'] ) {    //    需要改名
                    $file_new_name = date("YmdHis").".".substr($_FILES['upimg']['name'], -3);
```

```php
                    } else {
                            $file_new_name = $_FILES['upimg']['name'];
                    }
        //设置上传地址，并将产品信息保存
                    $upload_file = $product->CONF['dir']['path'].$product->up_img.$file_new_name;
                    if(move_uploaded_file($_FILES['upimg']['tmp_name'],$upload_file)){
                            require_once($product->CONF['dir']['path'].'include/images2.php');
                            chmod($upload_tmp_file, 0755);
                            //miniature($upload_tmp_file, $product->CONF['dir']['path'].$product->up_img.$file_new_name, "150", "150");
                            $resizeimage = new resizeimage($upload_tmp_file, $product->CONF['dir']['path']."upload/img/".$file_new_name, "420", "480", "0");
                            chmod($upload_file, 0755);
                            //$resizeimage2 = new resizeimage($upload_tmp_file, $product->CONF['dir']['path'].$product->up_small_img.$file_new_name, "150", "150", "0");
                            //chmod($product->CONF['dir']['path'].$product->up_small_img.$file_new_name, 0755);
                            $record['img'] = $file_new_name;
                    }
            }
            if($product->add_product($record)){
                    $product->msg('恭喜，您成功添加产品！', 'product.php?act=product_add');

            }else{
                    $product->msg('对不起，无法添加产品！', '-1');
            }
        break;
        case 'product_edit':
            $product_info = $product->get_product($product->INCOME['id']);
            $product->assign('id', $product_info['id']);
            $product->assign('name', $product_info['name']);
            $product->assign('sort_id', $product_info['sort_id']);
            $product->assign('size', $product_info['size']);
            $product->assign('orderby', $product_info['orderby']);
            $product->assign('indexshow', $product_info['indexshow']);
            $product->assign('content', $product->FCK_show($product->revert_value($product_info['content'])));
            $product->assign('img', $product_info['img']);
        break;
        case 'product_edit_do':
            $product->check_null($product->INCOME['id'], '产品ID');
            $product->check_null($product->INCOME['name'], '产品名称');
            $product->check_null($product->INCOME['sort_id'], '产品分类');
            $record['id'] = $product->INCOME['id'];
            $record['name'] = $product->INCOME['name'];
            $record['sort_id'] = $product->INCOME['sort_id'];
            $record['size'] = $product->INCOME['size'];
            $record['content'] = $product->INCOME['content'];
            $record['orderby'] = $product->INCOME['orderby'];
            $record['indexshow'] = $product->INCOME['indexshow'];
            $record['puttime'] = date("Y-m-d H:i:s");
            $record['img'] = $product->INCOME['oldimg'];
            if($product->INCOME['edit_img2'] && $_FILES['upimg']['name']){
                    if ( $product->CONF['upload']['rename'] ) {   //需要改名
                            $file_new_name = date("YmdHis").".".substr($_FILES['upimg']['name'], -3);
                    } else {
                            $file_new_name = $_FILES['upimg']['name'];
```

```php
                }
                if(move_uploaded_file($_FILES['upimg']['tmp_name'],$product->CONF['dir']['path'].$product->up_img.$file_new_name)){
                    require $product->CONF['dir']['path'].'include/images2.php';
                    $resizeimage = new resizeimage($product->CONF['dir']['path'].$product->up_img.$file_new_name, $product->CONF['dir']['path'].$product->up_img.$file_new_name, "420", "480", "0");
                    //$resizeimage = new resizeimage($product->CONF['dir']['path'].$product->up_img.$file_new_name, $product->CONF['dir']['path'].$product->up_small_img.$file_new_name, "150", "150", "0");
                    $record['img'] = $file_new_name;

                    unlink($product->CONF['dir']['path'].$product->up_img.$product->INCOME['oldimg']);
                    //unlink($product->CONF['dir']['path'].$product->up_small_img.$product->INCOME['oldimg']);
                }
                if($product->edit_product($record)){
                    $product->msg('恭喜，您成功修改了产品', 'product.php?act=product_manage');
                }else{
                    $product->msg('对不起，无法修改产品', -1);
                }
            break;
            case 'product_del':
                if($product->del_product($product->INCOME['id'])){
                    $product->msg('恭喜，您成功删除了产品', 'product.php?act=product_manage');
                }else{
                    $product->msg('对不起，无法删除产品', -1);
                }
            break;
        }

        $product -> assign("column", "product");
        $product -> assign("act", $product->INCOME['act']);
        $product -> display("manage/product.html");
?>
```

以上代码执行的步骤如下：

1）整个 product.php 文件的头部，首先通过对$_COOKIE 的判断，进行身份的确认，防止无登录跳转，因为只有拥有管理员身份的用户才可以对产品进行管理，为了系统的安全，这步是十分有必要的。

2）通过 switch…case 语句将产品管理模块的各项功能封装在各条 case 语句中，这样在页面中通过讨论 case 的值就可以跳转到不同的页面执行对应的操作。

3）case 的值为 sort_edit_do，其中要对编辑和删除进行处理，所以要分两种情况进行讨论，具体执行步骤如下：

步骤一：当 submit 的值为"编辑"时，执行编辑操作，通过调用 edit_sort()函数实现编辑的逻辑处理。

步骤二：当 submit 的值为"删除"时，执行删除操作，通过调用 del_sort()函数实现删除的逻辑处理。

4）获得搜索条件，如产品关键字 name_key，所属分类 sort_id_key 等。

5）执行 product_search()函数，将 product 变量加入到 Smarty 模板中。

6）获得待添加产品的基本信息，将这些信息放入 array() 数组中。

7）通过 if…else 嵌套语句获得待上传产品的名称和保存地址。

8）通过 move_uploaded_file 方法将上传的产品移动到新地址中，并且通过 resizeimage 类将图片改变大小，然后通过 chmod 方法将产品改变成八进制模式。

9）调用 add_product()函数实现添加产品逻辑，若添加成功，则提示添加产品成功信息。

10）通过产品 id 调用 get_product()函数获得待编辑产品信息，然后将这些信息通过 assign 方法保存到 Smarty 模板中。

11）调用 edit_product()函数可以实现修改产品逻辑的任务。

3．反馈管理模块的实现

在反馈管理模块中，主要实现了查看反馈信息、删除反馈信息的功能。面向管理反馈管理模块主要由 feedback.php、feedback_class.php 和 feedback.html_ 这 3 个文件组成，下面是具体实现代码。

首先来看 feedback_class.php 文件，它位于本系统根目录下的 include 文件夹下。所有和反馈管理功能相关的逻辑都是在这里实现的。在 feedback_class.php 文件中定义了若干个函数，如 add()和 del()等。反馈管理功能逻辑的具体实现，如下代码所示：

```php
<?php
class feedback extends comment{
    function feedback(){
        parent::comment();
    }

    function add($record){
        return $this->insert($record, 'feedback');
    }

    function edit($record){
        $condition = "id = '{$record['id']}'";
        unset($record['id']);
        return $this->update($record, 'feedback', $condition);
    }

    function del($id){     //定义del()函数，通过id删除反馈信息
        $this->check_null($id,'用户ID');
        $sql = "delete from feedback where id = {$id}";
        return $this->DB->execute($sql);
    }

    function list_feedback($st = 0) {       //定义函数，获得反馈信息列表
        $page_num = 30;
        $pages = $this->build_pagelinks(array( 'TOTAL_POSS' => $this->get_count(),'PER_PAGE'=> $page_num, 'CUR_ST'   => $st,'BASE_URL' => "feedback.php?act=list_feedback"));
        $this -> assign( "pages" , $pages);
        $sql = 'select * from feedback order by is_read desc,id desc LIMIT '.$st*$page_num.','.$page_num;
        $rs = $this->DB->execute($sql);
        $i=0;
        while(!$rs->EOF()){
            $row = $rs->fields;
            $arr[] = $row;
            $i++;
```

```php
            $rs->MoveNext();
        }
        return $arr;
    }

    function get_count(){//获得反馈信息量
        $sql = "SELECT COUNT(*) AS num FROM feedback";
        $rs = $this->DB->Execute($sql);
        $row = $rs->fields;
        return $row['num'];
    }

    function get_info($id){
        $this->check_null($id, 'ID');
        $sql = "update feedback set is_read = 1 where id = {$id}";
        $this->DB->execute($sql);
        $sql = "select * from feedback where id = {$id}";
        $rs = $this->DB->execute($sql);
        $row = $rs->fields;
        return $row;
    }
}
?>
```

以上代码执行的步骤如下：

1）定义 feedback()函数，目的是调用父类 comment 中的 comment()函数，获得数据库的连接。

2）定义一个 del()函数，通过 SQL 中的 delete 关键字，实现删除指定 id 反馈信息的操作。

3）定义一个 list_feedback()函数，用于获得反馈信息列表，并将反馈信息按每页 30 项的数量分页显示出来。

4）定义一个 get_count()函数。

5）定义一个 get_info()函数，用于获得待查看反馈的具体信息。

feedback.php 文件和产品管理模块中的 product.php 文件一样，都是通过 switch…case 语句来实现具体执行操作的。这里就不再进行一一陈述。

4．新闻管理模块的实现

在新闻管理模块中，主要实现了编辑新闻、删除新闻和添加新闻的功能。面向管理新闻管理模块主要由 news_class.php、news.php 和 news.html 这 3 个文件组成。下面是具体实现代码。

首先是 news_class.php 文件，它是实现所有和新闻管理功能相关的逻辑。在该文件中，定义了若干个函数，如 add_news()函数、edit_news()函数和 del_news()函数等，如下代码所示：

```php
<?php
class news extends comment {

    function news() {
        parent::comment();
    }

    function get_count(){
        $sql = "SELECT COUNT(*) AS num FROM news
                WHERE 1 = 1 ";

        $rs = $this->DB->Execute($sql);
```

```php
            $row = $rs->fields;
            return $row['num'];
    }

    function list_news($st = 0, $sort_id = 0) {
        $page_num = 30;
        $pages = $this->build_pagelinks(array( 'TOTAL_POSS' => $this->get_count(),'PER_PAGE' => $page_num, 'CUR_ST' => $st, 'BASE_URL' => "news.php?act=news_manage"));
        $this -> assign( "pages" , $pages);
        $sql = 'select id,title,puttime from news order by id desc LIMIT '.$st*$page_num.','.$page_num;
        $rs = $this->DB->execute($sql);
        $i=0;
        while(!$rs->EOF()){
            $row = $rs->fields;
            $arr[$i] = $row;
            $i++;
            $rs->MoveNext();
        }
        return $arr;
    }

    function add_news($record){
        if($this->insert($record, 'news')) {
            return $this->DB->Insert_ID();
        } else {
            return false;
        }
    }

    function edit_news($record){
        $condition = "id = '{$record['id']}'";
        unset($record['id']);
        if($this->update($record, 'news', $condition)) {
            return true;
        } else {
            return false;
        }
    }

    function del_news($id){
        if(empty($id)){
            $this->msg('对不起,新闻ID不能为空!', -1);
        }
        $sql = "DELETE FROM news WHERE id={$id}";
        if($this->DB->execute($sql)){
            return true;
        }else{
            return false;
        }
    }

    function get_news($id){
        if(empty($id)){
            $this->msg('对不起,产品ID不能为空!', -1);
        }
        $sql = "SELECT * FROM news
                    WHERE id = {$id}";
        $rs = $this->DB->execute($sql);
```

```
            $row = $rs->fields;
            $row['content'] = $this->revert_value($row['content']);
            return $row;
        }
    }
?>
```

以上代码执行的步骤如下：

1）定义了一个 news 类，该类继承自 comment 类。

2）定义了一个 news()函数，该函数调用父类 comment 中的 comment()函数，完成数据库的连接。

3）定义了一个 get_count()函数。

4）定义了一个 add_news()函数，在该函数中通过 insert()函数判断是否已经添加新闻，如果为真，则返回已添加新闻的 ID 号；反之，则返回 false。

5）定义了一个 edit_news()函数，同样通过 update()函数判断是否已经更新新闻，如果为真，则返回 true；否则，返回 false。

接着是 news.php 文件，它主要完成了不同页面的转换，以及相关处理操作的实现，如下代码所示：

```php
<?php
if(!$_COOKIE['admin']['user_id']){        //判断管理员是否登录，防止强制跳转
    exit();
}
require("../include/comment.php");
require("../include/news.class.php");

$news = new news();

switch($news->INCOME['act']) {             //跳转到编辑新闻页面
    case 'news_manage':
        $news->assign('news',$news->list_news($news->INCOME['st']));
    break;
    case 'news_add_do':
        $news->check_null($news->INCOME['title'], '新闻标题');
        $record = array();
        $record['title'] = $news->INCOME['title'];
        $record['content'] = $news->INCOME['content'];
        $record['puttime'] = date("Y-m-d H:i:s");
        if($news->add_news($record)){
            $news->msg('恭喜，您成功添加新闻！', 'news.php?act=news_add');
        }else{
            $news->msg('对不起，无法添加新闻！', '-1');
        }
    break;
    case 'news_edit':              //修改新闻页面
        $news_info = $news->get_news($news->INCOME['id']);
        $news->assign('id', $news_info['id']);
        $news->assign('title', $news_info['title']);
        $news->assign('content', $news->FCK_show($news->clean_value($news_info['content'])));
    break;
    case 'news_edit_do':
        $news->check_null($news->INCOME['id'], '新闻ID');
        $news->check_null($news->INCOME['title'], '新闻名称');
        $record['id'] = $news->INCOME['id'];
```

```php
                    $record['title'] = $news->INCOME['title'];
                    $record['content'] = $news->INCOME['content'];
                    $record['puttime'] = date("Y-m-d H:i:s");
                    if($news->edit_news($record)){
                        $news->msg('恭喜，您成功修改了新闻', 'news.php?act=news_manage');
                    }else{
                        $news->msg('对不起，无法修改新闻', -1);
                    }
            break;
            case 'news_del':
                    if($news->del_news($news->INCOME['id'])){
                        $news->msg('恭喜，您成功删除了新闻', 'news.php?act=news_manage');
                    }else{
                        $news->msg('对不起，无法删除新闻', -1);
                    }
            break;
    }

    $news -> assign("column", "news");
    $news -> assign("act", $news->INCOME['act']);
    $news -> display("manage/news.html");
?>
```

以上代码执行的步骤如下：

1）判断管理员是否已经登录，只有在已登录的情况下才可以继续进行其他操作，主要目的是防止不法分子的强制跳转。

2）通过 require 加载相关文件。

3）通过关键字 new 为要调用的类分配内存。

4）通过 switch…case 语句执行编辑新闻、添加新闻等操作。

5）调用 assign 方法将变量 column 和 act 置入 Smarty 模板中，最后通过 display 方法将 news.html 网页显示出来。

news.html 文件是一个纯 HTML 格式的文件，是通过 Smarty 的 display 方法显示出来的页面，详细代码就不再进行陈述。

5.5 系统测试

5.5.1 开发及运行环境

该系统的测试与前面的系统测试方法一样，在此不再进行重复的陈述。但需要注意的是，该系统是基于 Smarty 模板引擎的编程。

源程序都是在 Windows Server 2003 下开发的，程序测试环境也应为 Windows Server 2003。用户在 Windows Server 2003 或 Windows XP 下正确配置程序所需的运行环境，软件测试平台如下：

（1）服务器端

操作系统：Windows Server 2003 /Linux（推荐）

服务器：Apache/2.2.8 (Win32)

PHP 软件：PHP Version 5.2.6

数据库：MySQL 5.0.51 或 SQL Server 2000 数据库

MySQL 图形化管理软件：phpMyAdmin- 2.10.3
开发工具：Dreamweaver 8
浏览器：IE 6.0 及以上版本
分辨率：最佳效果 1024×768 像素
（2）客户端
浏览器：推荐 IE 6.0 及以上版本
分辨率：最佳效果 1024×768 像素

5.5.2 系统测试环境及注意事项

1)"http://localhost"的默认端口号为"80"，在安装 Apache 服务器时如果端口号采用的不是默认设置，而是用户自定义的（例如：8080），那么需要在地址栏中输入"http:// localhost:8080/"，即可正确运行程序。

2) 涉及 Smarty 的第三方控件，由于不是自主开发的，需要读者自行下载。将 libs 文件夹复制到对应的文件夹下，才可以运行程序，否则程序会运行出错。

3) 涉及 jquery-1.4.2 的第三方控件，由于不是自主开发的，需要读者自行下载。将有关文件复制到对应的文件夹下，才可以运行程序，否则程序会运行出错。

4) 涉及 ADODB 的第三方控件，由于不是自主开发的，需要读者自行下载。将有关文件复制到对应的文件夹下，才可以运行程序，否则程序会运行出错。

5) 源程序中使用到了 MySQL 数据库，其中数据库的用户名为"root"，密码为"空"。

6) 如果在 IE 8 浏览器下运行个别程序时出现页面错位，是由于 IE 浏览器的问题，需将浏览器的兼容性设置一下即可。选择 IE 8 浏览器上的"工具"菜单项，通过设置"兼容性视图"即可，设置完成以后，将不会出现上述问题。

5.6 相关技能知识点

在前面第 4 章已经对 Smarty 模板引擎技术的安装与配置进行了说明，下面将对 Smarty 模板的设计进行说明。

5.6.1 Smarty 模板设计

既然 Smarty 可以将用户界面和 PHP 代码实现分离，那么应用 Smarty 模板开发程序也同样包含两部分内容：Smarty 模板设计和 Smarty 程序设计。

Smarty 模板设计，其所有操作都是在模板文件中进行的，那么什么是 Smarty 模板文件呢？Smarty 模板文件是由一个页面中所有的静态元素，加上一些定界符"{…}"（Smarty 默认的定界符，读者也可以自行设置定界符）组成的。模板文件统一存储于 templates 目录下（读者也可以任意修改这个存储位置，只要路径配置正确即可）。模板文件中不允许出现 PHP 代码段。Smarty 模板中的所有注释、变量、函数等都要包含在定界符内。

1. 基本语法（注释、函数和属性）

在 Smarty 的基本语法中包括三项内容：注释、函数和属性。

（1）注释

Smarty 注释包含在两个星号"*"中间，其格式如下：

```
{* 这是注释 *}
```
Smarty 注释不会在模板文件的最后输出中出现,它只是模板内在的注释。

(2)函数

每一个 Smarty 标签输出一个变量或者调用某一个函数。在定界符内函数和其属性将被处理和输出。例如:

```
{funcname attr1="val" attr2="val"}
```

在模板文件中无论是内建函数还是自定义函数都有相同的语法。

内建函数在 Smarty 内部工作,如{if}、{section}和{foreach}等,它们只可以使用,不能被修改。

自定义函数通过插件机制起作用,它们是附加函数,读者可以自行编辑、修改和添加,如{assign}和{counter}。

(3)属性

大多数函数都有自己的属性以便于明确说明或者修改它们的行为。Smarty 函数的属性类似于 HTML 中的属性。

在定义属性值时,如果是静态数值不需要加引号,如果是字符串建议使用引号,如果属性值是变量,那么也不需要加引号。

2. Smarty 模板设计变量

Smarty 有几种不同类型的变量。变量的类型取决于它的前缀是什么符号(或者被什么符号包围)。

Smarty 的变量可以直接被输出或者作为函数属性和修饰符(modifiers)的参数,或者用于内部的条件表达式等。

如果要输出一个变量,只需用定界符将它括起来即可。例如:

```
{$title}
{$array[row].id}
<body bgcolor="{#bgcolor#}">
```

(1)来自PHP页面中的变量

获取 PHP 页面中的变量与在 PHP 中是相同的,也需要使用"$"符号,略有不同的是对数组的读取。在 Smarty 中读取数组有两种方法:一种是通过索引获取,和 PHP 中相似,可以是一维,也可以是多维;另一种是通过键值获取数组元素,这种方法的格式和我们以前所接触过的不太一样,是使用符号"."作为连接符。

(2)从配置文件读取变量

Smarty 模板中,在配置文件中也可以定义变量。调用配置文件中变量的格式有以下两种:

● 使用"#"符号,将变量名置于两个"#"号中间,即可像普通变量一样调用配置文件内容。

● 使用保留变量中的$smarty_config 来调用配置文件。

(3)保留变量

在 Smarty 模板中使用保留变量时,无须使用 assign()方法传值,直接调用变量名即可。Smarty 中常用的保留变量见表 5-6。

表 5-6　Smarty 中常用的保留变量

保留变量	说明
get、post、server、session、cookie、request	等价于 PHP 中的$_GET、$_POST、$_SEVER、$_COOKIE、$_REQUEST
now	当前的时间戳。等价于 PHP 中的 time()
const	用 const 包含修饰的为常量
config	配置文件内容变量

3．变量调节器

变量调节器作用于变量、自定义函数和字符串。使用"|"符号和调节器名称调用调节器。变量调节器由赋予的参数值决定其行为。参数由"："符号分开。Smarty 中提供的变量调节器见表 5-7。

表 5-7　Smarty 中提供的变量调节器

名　称	作　用
capitalize	将变量中的所有单词首字母大写
count_characters	计算变量里的字符数。参数值 TRUE，表示计算空格字符，默认为 FALSE
cat	将 cat 里的值连接到给定的变量后面
count_paragraphs	计算变量中的段落数量
count_sentences	计算变量中句子的数量
count_words	计算变量中的词数
date_format	格式化从函数 strftime()获得的时间和日期。UNIX 或者 MySQL 等的时间戳（parsable by strtotime）都可以传递到 smarty。设计者可以使用 date_format 完全控制日期格式 参数 1 是输出日期的格式；参数 2 是输入为空时默认的时间格式
default	为空变量设置一个默认值。当变量为空或者未分配的时候，将由给定的默认值替代输出
escape	用于 HTML 转码，URL 转码，在没有转码的变量上转换单引号，十六进制转码，十六进制美化，或者 JavaScript 转码。默认是 HTML 转码 参数 1 指定使用何种编码格式
indent	在每行缩进字符串，默认是 4 个字符。参数 1 作为可选参数，可以指定缩进字符数；参数 2 同样为可选参数，可以指定缩进用什么字符代替。注意：如果在 HTML 中使用缩进，那么需要使用 （空格）来代替缩进，否则没有效果
lower	将变量字符串小写
nl2br	所有的换行符将被替换成 ，功能与 PHP 中的 nl2br()函数相同
regex_replace	寻找和替换正则表达式。参数 1 指定用来替换的文本字串
replace	搜索和替换字符串。参数 1 是将被替换的文本字串，参数 2 是用来替换的文本字串
spacify	插空，在字符串的每个字符之间插入空格或者其他的字符（串）。参数 1 指定将在两个字符之间插入的字符（串）
string_format	字符串的格式化。采用 sprintf()函数的语法。参数 1 指定使用的格式化方式
strip	用一个空格或一个给定字符替换所有重复空格、换行和制表符。注意：如果要去除模板文本中的区块，请使用 strip 函数
strip_tags	去除"<"和">"标签，包括"<"和">"之间的任何内容
truncate	从字符串开始处截取指定长度的字符，默认是 80 个字节 参数 1 设置截取字符的数量；参数 2 设置截取后追加在截取词后面的字符串；参数 3 设置是截取到词的边界（FALSE）还是精确到字符（TRUE）
upper	将变量改为大写
wordwrap	控制段落的宽度（也就是多少个字符一行，超过这个字符数换行），默认 80 个字节 参数 1 设置段落（句子）的宽度；参数 2 设置使用什么字符进行约束（默认是换行符\n）；参数 3 设置是约束到词的边界（FALSE）还是精确到字符（TRUE）

说明：如果给数组变量应用单值的变量调节，结果是数组的每个值都被调节。如果只想调节器用一个值调节整个数组，那么必须在调节器名字前加上@符号，例如{$articleTitle|@count}（这将会在$articleTitle 数组里输出元素的数目）。

4．内建函数（动态文件、模板文件的包含和流程控制语句）

Smarty 自身定义了一些内建函数，存储于 Smarty 模板中。它是模板语言的一部分，用户不能创建名称和内建函数相同的自定义函数，也不能修改内建函数。内建函数包括类似 foreach、if 和 section 之类的流程控制语句，还包括像 include 和 include_php 这样的函数。本节中将讲解一些常用内建函数的使用方法，如果读者要了解全部内建函数的知识，可以参考 Smarty 手册。

（1）foreach循环控制

Smarty 模板中的 foreach 语句可以循环输出数组。与另一个循环控制语句 section 相比，在使用格式上要简单得多，一般用于简单数组的处理。foreach 语法如下：

```
{foreach name=foreach_name key=key item=item from=arr_name}
    ...
{/foreach}
```

参数说明：name 为该循环的名称；key 为当前元素的键值；item 是当前元素的变量名；from 是该循环的数组。其中，item 和 from 是必要参数，不可省略。

（2）include函数——在模板中包含子模板

include 函数用于在当前模板中包含其他模板，当前模板中的变量在被包含的模板中可用。函数语法如下：

```
{include file="file_name " assign=" " var="    "}
```

参数 file 指定包含模板文件的名称，为必选参数；参数 assign 指定一个变量保存包含模板的输出；参数 var 传递给待包含模板的本地参数，只在待包含模板中有效。

（3）if…elseif…else条件语句

if 条件语句的使用和 PHP 中的 if 条件语句大同小异。需要注意的一点是 if 必须以/if 为结束标记。其语法格式如下：

```
{if 条件语句1}
    语句1
{elseif 条件语句2}
    语句2
{else}
    语句3
{/if}
```

在上述的条件语句中，除了可以使用 PHP 中的<、>、=、!=等常见运算符外，还可以使用 eq、ne、neq、gt、lt、lte、le、gte、ge、is even、is odd、is not even、is not odd、not、mod、div by、even by、odd by 等修饰词修饰。

（4）ldelim和rdelim——输出大括号"{"和"}"

ldelim 和 rdelim 用于输出定界符，也就是大括号"{"和"}"。因为模板引擎总是尝试解释大括号内的内容，因此如果需要输出大括号，则可以使用这两个函数。

例如：在模板页面中输出一个 JavaScript 脚本，因为 JavaScript 脚本中会涉及大括号的使用，所以应用 ldelim 和 rdelim 输出 JavaScript 脚本中的大括号。代码如下：

```
<script language=javascript>
function check_form() {ldelim}
    if (user.value == ''){ldelim}
        alert('请输入用户名');
        return false;
    {rdelim}
{rdelim}
</script>
```

通过 ldelim 和 rdelim 标签可以输出 JavaScript 脚本中的大括号，这个方法需要对每个大括号都进行操作。如果使用 literal 标签就没有那么麻烦了，它可以把整个标签区域内的数据作为文本处理。同样是在模板文件中输出 JavaScript 脚本，应用 literal 标签就简单多了，代码如下。

```
{literal}
<script language=javascript>
function check_form() {
    if (user.value == ''){
        alert('请输入用户名');
        return false;
    }
}
</script>
{/literal}
```

说明：如果要在 Smarty 模板文件中直接输出 JavaScript 脚本或者定义 CSS 样式，并且 Smarty 使用默认的定界符"{}"，那么就会应用到上述两个函数中的一个，对 JavaScript 脚本或者 CSS 样式中的大括号进行输出。

（5）section 循环控制

section 是 Smarty 模板中的另一个循环语句，该语句可用于比较复杂的数组。section 的语法结构如下：

{section name="sec_name" loop=$arr_name start=num step=num max= show=}

参数说明见表 5-8。

表 5-8　section 语句的参数说明

参　数	说　明
name	循环的名称
loop	循环的数组
start	表示循环的初始位置。例如，start=2 说明循环是从 loop 数组的第二个元素开始
step	表示步长，如 step=2，那么循环一次后数组的指针将向下移动两位，依此类推
max	设定循环最大执行次数
show	决定是否显示该循环

section 循环语句最擅长的是操作 ADODB 从数据库中读取到的数据，因为 ADODB 返回的数据就是一个二维数组。

5．自定义函数

Smarty 中包含很多自定义函数，通过这些自定义函数可以实现很多的功能。Smarty 中的自定义函数见表 5-9。

表 5-9　Smarty 中的自定义函数

名　称	作　用
assign	用于在模板被执行时为模板变量赋值。参数 var 被赋值的变量名；参数 value 赋给变量的值
counter	用于输出一个记数过程，counter 保存了每次记数时的当前记数值
cycle	用于轮转使用一组值，该特性使得在表格中交替输出颜色或轮转使用数组中的值变得很容易参数 name 指定轮转的名称；参数 values 指定待轮转的值，可以是用逗号分隔的列表(请查看 delimiter 属性)或一个包含多值的数组；参数 print 设置是否输出值；参数 advance 设置是否使用下一个值(为 FALSE 时使用当前值)；参数 delimiter 设置 values 属性中使用的分隔符，默认是逗号；参数 assign 指定输出值将被赋给模板变量的名称
debug	将调试信息输出到页面上。该函数是否可用取决于 Smarty 的 debug 设置
eval	按处理模板的方式获取变量的值。该特性可用于在配置文件的标签/变量中嵌入其他模板标签/变量
fetch	用于从本地文件系统、HTTP 或 FTP 上取得文件并显示文件的内容。如果文件名称以 "http://" 开头，将取得该网站页面并显示；如果文件名称以 "ftp://" 开头，将从 ftp 服务器取得该文件并显示
html_checkboxes	根据给定的数据创建复选按钮组
html_image	创建一个图像的 HTML 标签。如果没有提供高度和宽度值，将根据图像的实际大小自动取得
html_options	根据给定的数据创建选项组
html_radios	根据给定的数据创建单选按钮组
html_select_date	创建日期下拉菜单，它可以显示任意年月日
html_select_time	创建时间下拉菜单，它可以显示任意时分秒
html_table	将数组中的数据填充到 HTML 表格中
math	允许模板设计者在模板中进行数学表达式运算
mailto	mailto 自动生成电子邮件链接，并根据选项决定是否对地址信息编码
popup	用于创建 javascript 弹出窗口
textformat	用于格式化文本，该函数主要用于清理空格和特殊字符

6．配置文件

配置文件的应用，有利于设计者管理文件中的模板全局变量。例如，定义一个模板色彩变量。一般情况下如果想改变一个程序的外观色彩，必须更改每一个文件的颜色变量。如果有配置文件，色彩变量就可以保存在一个单独的文件中，只要改变配置文件就可以实现色彩的更新。

（1）创建配置文件

对于配置文件可以任意命名，其存储位置由 Smarty 对象的$config_dir 属性指定。如果存在不仅在一个区域内使用的变量值，可以使用三引号（""""）将它完整的封装起来。在创建配置文件时，建议在程序运行前使用 "#" 加一些注释信息，这样有助于程序的阅读和更新。

在配置文件中既可以声明全局变量，也可以声明局部变量。如果声明局部变量，可以使用中括号 "[]" 括起来，在中括号之内声明的变量属于局部变量，而中括号之外声明的变量都是全局变量。中括号的使用不仅使配置文件中声明变量的模块变得清晰，而且可以在模板中选择加载中括号内的变量。

例如，创建一个配置文件，分别声明全局变量和局部变量。代码如下：

```
# global variables                    #在每行之前使用#，表示注释
title = "引用配置文件"                 #声明全局变量
[table]                               #声明局部变量
border = "1"
```

```
cellpadding="1"
cellspacing="1"
bordercolor="#FFFFFF"
table_bgcolor="#333333"
[td]                                    #声明局部变量
bgcolor="#FFFFFF"
```

如果某个特定的局部变量已经载入，这样全局变量和局部变量都还可以载入。如果当某个变量名既是全局变量又是局部变量时，局部变量将被优先赋予值来使用。如果在一个局部中两个变量名相同的，最后一个将被赋值使用。

（2）加载配置文件

加载配置文件应用 Smarty 的内建函数 config_load，其语法如下：

```
{config_load file="file_name " section="add_attribute" scope="" global=""}
```

参数说明见表 5-10。

表 5-10　config_load()函数的参数说明

参数	说明
file	指定包含的配置文件的名称
section	附加属性，当配置文件中包含多个部分时应用，指定具体从哪一部分中取得变量
scope	加载数据的作用域，取值必须为 local、parent 或 global。local 说明该变量的作用域为当前模板；parent 说明该变量的作用域为当前模板和当前模板的父模板（调用当前模板的模板）；global 说明该变量的作用域为所有模板。当指定 scope 属性时，可以设置 global 属性，但模板忽略该属性值，而以 scope 属性为准
global	说明加载的变量是否全局可见，等同于 scope=parent

（3）引用配置文件中的变量

配置文件加载成功后，就可以在模板中引用配置文件中声明的变量了。引用配置文件应用的是"#"或者 Smarty 的保留变量$smarty.config。其应用示例如下：

```
{ config_load file="file_con.conf"}              {* 加载配置文件 *}
{#title#}
            <td height="228" colspan="2" align="left" valign="top" class="{$smarty.config.styles}">
```

5.6.2　Smarty 程序设计

Smarty 程序设计在动态 PHP 文件中进行操作，其功能可以分为两种：一种功能是配置 Smarty，如变量 template_dir、$config_dir 等；另一种功能是和 Smarty 模板之间的交互，如方法 assign、display。

1．SMARTY_PATH 常量

SMARTY_PATH 常量用于定位 Smarty 类文件的完整系统路径，如果没有定义 Smarty 目录，Smarty 将会试着自动创建合适的值；如果定义了路径必须要以斜线结束。该常量的应用是在 Smarty 的配置文件中，通过它获取 Smarty 类的绝对路径。

例如，创建的配置文件 config.php 中，就应用到这个常量。其关键代码如下：

```
define('BASE_PATH',$_SERVER['DOCUMENT_ROOT']);        //定义服务器的绝对路径
define('SMARTY_PATH','\MR\15\example\3.1\Smarty\\');  //定义Smarty目录的绝对路径
require BASE_PATH.SMARTY_PATH.'libs\Smarty.class.php';//加载Smarty类库文件
```

2. Smarty 程序设计变量

在 Smarty 中提供了很多的变量，这里只分析比较常用的几个，如果想详细了解 Smarty 变量，请参考 Smarty 的手册。

- $template_dir: 模板目录。模板目录用来存放 Smarty 模板，在前面的实例中，所有的 HTML 文件都是 Smarty 模板。模板的后缀没有要求，一般为.html 或.tpl 等。
- $compile_dir: 编译目录。顾名思义，就是编译后的模板和 PHP 程序所生成的文件默认路径为当前执行文件所在的目录下的 templates_c 目录。进入到编译目录，可以发现许多 "%%…%%index.html.php" 格式的文件。随便打开一个这样的文件可以发现，实际上 Smarty 将模板和 PHP 程序又重新组合成一个混编页面。
- $cache_dir: 缓存目录。用来存放缓存文件。同样，在 cache 目录下可以看到生成的.html 文件。如果 caching 变量开启，那么 Smarty 将直接从这里读取文件。
- $config_dir: 配置目录。该目录用来存放配置文件。
- $debugging: 调试变量。该变量可以打开调试控制台。只要在配置文件 config.php 中将$smarty->debugging 设为 true 即可使用。
- $caching: 缓存变量。该变量可以开启缓存。只要当前模板文件和配置文件未被改动，Smarty 就直接从缓存目录中读取缓存文件而不重新编译模板。

3. Smarty 方法

在 Smarty 提供的方法中，最常用的要数 assign 方法和 display 方法。

（1）assign方法

assign 方法用于在模板被执行时为模板变量赋值，其语法如下：

{assign var=" " value=" "}

其中，参数 var 是被赋值的变量名，参数 value 是赋给变量的值。

（2）display方法

display 方法用于显示模板，需要指定一个合法的模板资源的类型和路径。还可以通过第二个可选参数指定一个缓存号，相关的信息可以查看缓存，其语法如下：

void display (string template [, string cache_id [, string compile_id]])

其中，参数 template 指定一个合法的模板资源的类型和路径；参数 cache_id 为可选参数，指定一个缓存号；

参数 compile_id 为可选参数，指定编译号。编译号可以将一个模板编译成不同版本使用，如针对不同的语言编译模板。编译号的另外一个作用是，如果存在多个$template_dir 模板目录，但只有一个$compile_dir 编译后存档目录，这时可以为每一个$template_dir 模板目录指定一个编译号，以避免相同的模板文件在编译后会互相覆盖。相对于在每一次调用 display()函数的时候都指定编译号，也可以通过设置$compile_id 编译号属性来一次性设定。

4. Smarty 缓存

在介绍 Smarty 的缓存之前，先将它和 Smarty 的编译过程进行一个对比，就可以明白缓存到底意味着什么。

1）Smarty 的编译功能默认是开启的，而 Smarty 缓存则必须由开发人员来开启。

2）编译的过程是将模板转换为 PHP 脚本，虽然在模板没有被修改的情况下，不会重新执行转换过程，但这个编译过的模板其实就是一个 PHP 脚本，只是减少了模板转换的压力，仍需要在逻辑层执行获取数据的操作，而这个获取数据的操作是耗费内存最大的。缓存则不仅将模板转换为 PHP 脚本，而且将模板内容转换为静态页面，不仅减少了模板转换的压力，也不再需要在逻辑层执行获取数据的操作。

这就是 Smarty 的缓存机制，它是一种更加理想的开发 Web 程序的方法。下面就来介绍这种技术。

（1）创建缓存

开启缓存的方法非常简单，只要将 Smarty 对象中$caching 的值设置为 TRUE 即可，同时还要通过 Smarty 对象中的$cache_dir 属性指定缓存文件的存储位置。其操作代码如下：

```
$smarty->caching=true;                                           //开启缓存
$smarty->cache_dir = BASE_PATH.SMARTY_PATH.'cache/';              //定义缓存文件存储位置
```

（2）缓存的生命周期

缓存创建成功后，必须为它设置一个生命周期，如果它一直不更新，那么就没有任何意义。设置缓存生命周期应用的是 Smarty 对象中的$cache_lifetime 属性，缓存时间以秒为单位，默认值是 3600 秒。其操作代码如下：

```
$smarty->caching=true;                                           //开启缓存
$smarty->cache_dir = BASE_PATH.SMARTY_PATH.'cache/';              //定义缓存文件存储位置
$smarty->cache_lifetime=3600                                      //设置缓存时间为1小时
```

如果将$caching 的值设置为 2，那么就可以控制单个缓存文件各自的过期时间。

（3）同一模板生成多个缓存

在实际的程序开发中，经常会遇到这样的情况，同一个模板文件生成多个页面。而此时要对这多个页面进行缓存，这便用到了 Smarty 中的 display()方法，通过该方法的第二个参数设置缓存号，有几个不同的缓存号就会有几个缓存页面。操作代码如下：

```
$smarty->caching=true;                                           //开启缓存
$smarty->cache_dir = BASE_PATH.SMARTY_PATH.'cache/';              //定义缓存文件存储位置
$smarty->cache_lifetime=3600;                                     //设置缓存时间为1小时
$smarty->display('index.html',$_GET['id']);                       //将id作为第二个参数传递
```

（4）判断模板文件是否已被缓存

如果页面已经被缓存，那么就可以直接调用缓存文件，而不再执行动态获取数据和输出的操作。为了避免在开启缓存后，再次执行动态获取数据和输出操作给服务器所带来的压力，最佳的方法就是应用 Smarty 对象中的 is_cached()方法，来判断指定的模板是否存在缓存，如果存在，则直接执行缓存中的文件；否则，执行动态获取数据和输出的操作。操作代码如下：

```
$smarty->caching=true;                                           //开启缓存
if(!$smarty->is_cached('index.html')){
        //执行动态获取数据和输出的操作
}
$smarty->display('index.html');
```

技巧：如何判断同一模板中的多个缓存文件？判断同一模板中的多个缓存是否存在与同一模板生成多个缓存类似，都是以缓存号为依据。判断同一模板的多个缓存是否存在应用 is_cached()方法，通过该方法的第二个参数设置缓存号，判断对应的缓存是否存在。其方法如下：

```
$smarty->caching=true;                                           //开启缓存
$smarty->cache_dir = BASE_PATH.SMARTY_PATH.'cache/';              //定义缓存文件存储位置
$smarty->cache_lifetime=3600;                                     //设置缓存时间为1小时
```

```
if(!$smarty->is_cached('index.html',$_GET['id'])){
        //执行动态获取数据和输出的操作
}
$smarty->display('index.html',$_GET['id']);               //将id作为第二个参数传递
```

5. 清除模板中的缓存

缓存的清除有以下两种方法：

1）clear_all_cache()方法，清除所有模板缓存。其语法如下：

```
void clear_all_cache (int expire time)
```

其中，可选参数 expire time 可以指定一个以 s 为单位的最小时间，超过这个时间的缓存都将被清除。

2）clear_cache()方法，清除指定模板的缓存。其语法如下：

```
void clear_cache (string template [, string cache id [, string compile id [, int expire time]]])
```

如果这个模板有多个缓存，可以用第二个参数指定要清除缓存的缓存号，还可以通过第三个参数指定编译号。可以把模板分组，以便可以更快地清除一组缓存。第四个参数是可选的，用来指定超过某一时间（以 s 为单位）的缓存才会被清除。

下面分别应用这两种方法清除缓存。代码如下：

```
$smarty->caching=true;                                    //开启缓存
$smarty->clear_all_cache();                               //清除所有缓存
$smarty->clear_cache('index.html');                       //清除index.html模板的缓存
$smarty->clear_cache('index.html','$_GET['id']');         //清除index.html模板中一个指定缓存号的缓存
$smarty->display('index.html');
```

5.7 小结

本章介绍基于 Smarty 模块开发框架的企业网站系统的整个开发。企业网站系统是当前应用比较广泛的 Web 系统应用的典型代表，而且有广大的市场需求空间。在学习本章时，需要结合 Smarty 模块的设计与开发理解系统的框架，进一步掌握好 Smarty 模块系统的开发与应用。

附 录

附录 A PHP 实验

实验 1 PHP 基础 1

1. 实验目的

1）掌握 PHP 语法基本元素，掌握数据类型、变量和常量、运算符、表达式的使用。
2）掌握 PHP 流程控制。
3）掌握在 HTML 和 PHP 命令标记相结合的方法。
4）掌握用 PHP 和 HTML 交互的处理方法。

2. 实验内容

1）PHP 语法：数据类型、变量和常量、运算符、表达式、流程控制。
2）PHP 和 HTML 交互。

3. 实验准备

1）了解在 HTML 中嵌入 PHP 代码的方法。
2）了解 PHP 的语法。
3）了解用 PHP 读取 HTML 表单控件数值的方法。

4. 实验步骤

（1）在HTML中嵌入PHP命令标记

实验任务：编写一个 PHP 动态页面，在 HTML 标记中先嵌入一段 PHP 代码，给变量 $xh 赋一个文本数值；然后把$xh 的值作为一个 HTML 表单中的文本型输入框的 value 属性值。

编程示例：

```
<html>
<head>
<title>在html中嵌入PHP命令</title>
<meta http-equiv="Content-Type" content="text/html; charset=gb2312">
</head>
<body>
<h1>PHP inside html</h1>
<?php
   $xh="081101";
?>
    <form action="" method="post">
    学号是<input type="text" name="xh" size="20" value="<?php echo $xh;?>">
```

```
        </form>
    </body>
</html>
```

（2）PHP语法实验

1）变量、表达式和判断的使用。

实验任务：编写一段 PHP 代码，用于判断一个整数变量的数值是否大于 5，并显示判断结果。

编程示例：

```
<?
    echo "<br>";
    $i=10;
    if($i>5)
        echo "i大于5<br>";
    else
        echo "i不大于5<br>";
?>
```

2）循环。

实验任务：在（1）所编写 PHP 代码的基础上，添加一段循环，从 1 依次显示到整数变量的数值，各数之间以","作为分隔符。

编程示例：

```
<?
    echo "<br>";
    $i=10;
    if($i>5)
        echo "i大于5<br>";
    else
        echo "i不大于5<br>";
    for($j=1;$j<=$i;$j++)
    {
        If($j<$i)
        echo $j.",";
        else
            echo  $j;
    }
?>
```

3）PHP 读取表单数值。

实验任务：编写一个带 Form 表单和输入控件的 PHP 页面，用 PHP 代码接收输入控件的内容，并显示。

编程示例：

```
<html>
<head>
<title> PHP读取表单练习</title>
<meta http-equiv="Content-Type" content="text/html; charset=gb2312">
</head>
<body>
<h1>PHP读取表单练习</h1>
```

```php
    <form action="" method="post">
    请输入变量$i的数值<input type="text" name="i" size="20">
    <input type="submit" name="submit" value="确定">
    </form>
<?php
    if(isset($_POST['submit']))
    {
        $i=$_POST['i'];
    $i=(int)$i;
        if($i>5)
          echo " <script>alert('i 大于5');</script> ";
        else
          echo " <script>alert('i 不大于5');</script> ";
        for($j=0;$j<$i;$j++)
        {
            if($j==$i-1)
                echo $j;
            else
                echo $j.",";
        }
    }
?>
</body>
</html>
```

实验 2　PHP 基础 2

1．实验目的

1）掌握 PHP 中函数的定义和使用方法。

2）掌握 PHP 中类的定义和使用方法。

2．实验内容

1）PHP 函数。

2）PHP 面向对象编程。

3．实验准备

1）了解函数的定义及使用方法。

2）了解类的定义及使用方法。

4．实验步骤

（1）函数的定义和使用

实验任务：设计一个 PHP 网页 te2_1.php，其中定义一个 PHP 函数，用于比较前两个输入参数的大小。若第三个输入参数的数值是"B"，就将最大的数值返回；若第三个参数的数值是"L"，就将最小的数值返回；若前两个输入参数一样大，则返回二者其中之一。并用同一个 PHP 网页输入两个数值，调用上述的函数返回结果。

编程示例：

```html
<html>
<head>
<title>PHP函数练习</title>
<meta http-equiv="Content-Type" content="text/html; charset=gb2312">
</head>
<body>
<?php
function cbl($i,$j,$p)
{
    if($i>=$j)
    {
        $bigger=$i;
        $littler=$j;
    }
    else{
        $bigger=$j;
        $littler=$i;
    }
    if($p=="B") return    $bigger;
    else return $littler;
}

if(isset($_POST['submit']))
    {
        $a=$_POST['a'];
        $a=(int)$a;
        $b=$_POST['b'];
        $b=(int)$b;
        $sel=$_POST['sel'];
    }
?>
<h1>PHP函数练习</h1>
    <form action="" method="post">
    <table width="80%" border="0">
      <tr>
            <td width="20%">
            请输入变量$a的数值</td>
            <td width="80%"><input type="text" name="a" size="20" value="<?php echo $a;?>"></td>
      <tr>
      <tr>
            <td>
            请输入变量$b的数值</td>
            <td><input type="text" name="b" size="20"    value="<?php echo $b;?>"></td>
      <tr>
            <tr>
            <td>指定返回数值是</td>
            <td>
                <select    name="sel">
                    <option value="最大值">最大值</option>
                    <option value="最小值">最小值</option>
```

```
            </select>
        </td>
    <tr>
    <tr>
        <td> </td>
        <td><input type="submit" name="submit" value="确定"></td>
    <tr>
        <tr>
        <td>结果是 </td>
        <td>
<?php
    if($sel=="最大值")
        $control="B";
    else
        $control="L";
    echo "两者的".$sel."是".cbl($a,$b,$control);
?>
        </td>
    <tr>
</table>
</form>
</body>
</html>
```

(2) 类的定义和使用

实验任务：在一个 PHP 网页 te2_2.php 中，设计一个学生管理类，有学号、姓名、专业等属性，用来存储学生的信息。用 PHP 代码创建学生管理类的实例，并用输入文本框给实例的属性赋值，并显示实例的属性数值。

编程示例：

```
<html>
<head>
<title>PHP面向对象设计练习</title>
<meta http-equiv="Content-Type" content="text/html; charset=gb2312">
</head>
<body>
<?php
if(isset($_POST['submit']))
    {
        $sid=$_POST['sid'];
      $sname=$_POST['sname'];
        $spel=$_POST['spel'];
    }

class student
{
    private $sid;
    private $sname;
    private $spel;
    function show($xh,$xm,$zy)
```

```php
        {
            $this->sid=$xh;
            $this->sname=$xm;
            $this->spel=$zy;
            echo "学号： ".$this->sid."<br>";
            echo "姓名： ".$this->sname."<br>";
            echo "专业： ".$this->spel."<br>";
        }
    }
?>

<h1>PHP类的设计练习</h1>
    <form action="" method="post">
    <table width="80%" border="0">
        <tr>
            <td width="10%">
                请输入学号：</td>
            <td width="80%"><input type="text" name="sid" size="20" value="<?php echo $sid;?>"></td>
        <tr>
        <tr>
            <td>请输入姓名</td>
            <td><input type="text" name="sname" size="20"    value="<?php echo $sname;?>"></td>
        <tr>
        <tr>
            <td>请指定专业</td>
            <td>
                <select    name="spel">
                    <option value="软件设计">软件设计</option>
                    <option value="信息管理">信息管理</option>
                </select>
            </td>
        <tr>
        <tr>
            <td> </td>
            <td><input type="submit" name="submit" value="确定"></td>
        <tr>
         <tr>
            <td>实例是 </td>
            <td>
             <?php
        $stu=new student();
        $stu->show($sid,$sname,$spel);
        //echo $sid;
     ?>
            </td>
        <tr>
    </table>
    </form>
</body>
</html>
```

实验 3　PHP 数据处理

1．实验目的

1）掌握 PHP 中处理数组数据的方法。
2）掌握 PHP 中字符串操作的方法。
3）掌握 PHP 中正则表达式的使用方法。
4）掌握 PHP 中文件的操作方法。
5）掌握 PHP 中日期数据的处理方法。

2．实验内容

1）使用 PHP 数组：包括定义、初始化、键和值、定位和遍历。
2）进行字符串操作。
3）用正则表达式验证表单数据的正确性。
4）文件打开、关闭、写入、读出等操作。
5）日期函数的使用。

3．实验准备

1）了解 PHP 中数组的键和键值的概念。
2）了解字符串各常用操作函数。
3）了解正则表达式的规则。
4）了解文件的操作方法。
5）了解 PHP 时间戳的概念。

4．实验步骤

（1）数组的操作

实验任务：设计一个 PHP 网页 te3_1.php，其中使用循环将用户输入的 5 个数由小到大排序显示。

编程示例：

```php
<?php
echo "请输入需要排序的数据：<br>";
echo "<form method='post'>";
for($i=1;$i<6;$i++)
{
  echo "<input type='text' name='seq[]' size='5'>";
  if($i<5)
     echo "-";
}
echo "<input type='submit' name='confirm' value='提交'>";
echo "</form>";
?>
<?php
  if(isset($_POST['confirm']))
  {
```

```php
        $temp=0;
        $seq=$_POST['seq'];
        $num=count($seq);
        echo "您输入的数据有: <br>";
        foreach($seq as $score)
        {
            echo $score."<br>";
        }
        for($i=0;$i<$num;$i++){
            for($j=$i+1;$j<$num;$j++){
                if($seq[$j]>$seq[$i])
                {
                    $temp=$seq[$j];
                    $seq[$j]=$seq[$i];
                    $seq[$i]=$temp;
                }
            }
        }
        echo "从大到小排序后的结果是: <br>";
        while(list($key,$value)=each($seq))
        {
            echo $value."<br>";
        }
    }
?>
```

(2) 字符串的操作

实验任务：设计一个 PHP 网页 te3_2.php，输入 5 个学生的学号，如果有相同的学号则只保留一个，找到前缀为"0811"的学生，将前缀改为"0810"，最后将所有学号输出，以逗号","为分隔符。

编程示例：

```php
<?php
echo "请输入学生的学号: <br>";
echo "<form method='post'>";
for($i=1;$i<6;$i++)
{
   echo "<input type='text' name='stu[]' size='5'>";
   if($i<5)
      echo "-";
}
echo "<input type='submit' name='confirm' value='提交'>";
echo "</form>";
?>
<?php
    if(isset($_POST['confirm']))
    {
            $k=0;
            $jsj=array();
            $stu=$_POST['stu'];
```

```php
            for($i=0;$i<count($stu);$i++){
                for($j=$i+1;$j<count($stu);$j++)
                {
                    if(strcmp($stu[$i],$stu[$j])==0)
                    array_splice($stu,$j,1);   //删除重复元素
                }

            }
            $str=implode(",",$stu);//将数组转换为字符串
            echo "所有学生的学号如下：";
            echo $str."<br>";
            foreach($stu as $value){
                if(strstr($value,"0811"))
                {
                    $string=str_replace("0811","0810",$value);
                    $jsj[$k]=$string;
                    $k++;
                }
            }
            echo "调整后，学生的学号如下：<br>";
            echo implode(",",$jsj);
    }

?>
<html>
<head>
<meta http-equiv="content-type" content="text/html; charset=gb2312">
</head>
<body>
</body>
</html>
```

（3）正则表达式的使用

实验任务：设计一个 PHP 网页 te3_3.php，用于验证表单数据的正确性，表单数据中包括用户名、密码、出生年月、E-mail。要求用户名为 6～12 个字符（数字、字母和下划线），密码为 6～20 位的数字，出生年月为有效的日期，E-mail 为有效的 E-mail 地址。

编程示例：

```html
<html>
<head>
<title> PHP正则表达式练习</title>
<meta http-equiv="Content-Type" content="text/html; charset=gb2312">
</head>
<body>
<h1>PHP正则表达式练习</h1>
    <form action="" method="post">
    <table width="80%" border="0">
      <tr>
        <td width="10%">用户名</td>
        <td width="50%"><input type="text" name="userid" size="20"></td>
```

```html
        <td width="40%">* 6~12个字符（数字、字母和下划线）</td>
     </tr>
<tr>
      <td>密码</td>
      <td><input type="text" name="pwd" size="20" ></td>
        <td>* 6~20位的数字</td>
</tr>
    <tr>
     <td>出生年月</td>
     <td>
          <input type="text" name="birthday" size="20" >
     </td>
       <td>* 格式：YYYY-MM-DD</td>
</tr>
<tr>
     <td>Email</td>
     <td>
          <input type="text" name="email" size="20" >
     </td>
       <td>* </td>
</tr>
<tr>
     <td> </td>
     <td><input type="submit" name="confirm" value="确定"></td>
<tr>
    <tr>
      <td>结果是 </td>
      <td>
       <?php
         if(isset($_POST['confirm']))
           {
           $userid=$_POST['userid'];
       $pwd=$_POST['pwd'];
          $birthday=$_POST['birthday'];
          $email=$_POST['email'];
          $checkid=preg_match('/^\w{6,12}$/',$userid);
          $checkpwd=preg_match('/^\d{6,20}$/',$pwd);
          $checkbirthday=preg_match('/^\d{4}-(0?\d|1?[012])-(0?\d|[12]\d|3[01])$/',$birthday);
          $checkemail=preg_match('/^[a-zA-Z0-9_\-]+@[a-zA-Z0-9\-]+\.[a-zA-Z0-9\-\.]+$/',$email);
          if(!$checkid)
             echo "<script>alert('用户名格式错');</script>";
          elseif(!$checkpwd)
             echo "<script>alert('密码格式错');</script>";
          elseif(!$checkbirthday)
             echo "<script>alert('用户生日格式错');</script>";
          elseif(!$checkemail)
             echo "<script>alert('E-mail格式错');</script>";
          else
             echo "数据格式正确";
            }
```

```
                    ?>
                </td>
            <tr>
        </table>
    </form>
</body>
</html>
```

(4)文件的操作

实验任务:设计一个 PHP 网页 te3_4.php,用来进行投票。投票数记录在 PHP 文件所在目录中的一个文本文件 voteresult.txt 中,各个选项的投票数值在一行中,用"|"分隔。

编程示例:

```
<html>
<head>
<title>PHP文件操作练习</title>
<meta http-equiv="Content-Type" content="text/html; charset=gb2312">
</head>
<body>
    <form action="" method="post">
    <table width="80%" border="0">
      <tr>
            <td width="10%"> </td>
            <td width="50%">
                <font size="4"><b>当今最流行的Web开发技术</b></font>
            </td>
            <td width="40%"> </td>
        </tr>
        <tr>
          <td></td>
          <td> </td>
          <td></td>
        </tr>
        <tr>
            <td> </td>
            <td><input type="radio" name="vote" value="PHP">PHP</td>
            <td> </td>
        </tr>
        <tr>
            <td> </td>
            <td><input type="radio" name="vote" value="ASP">ASP</td>
            <td> </td>
        </tr>
        <tr>
            <td> </td>
            <td><input type="radio" name="vote" value="JSP">JSP</td>
            <td> </td>
        </tr>
        <tr>
```

```html
            <td> </td>
            <td><input type="radio" name="vote" value="ASP.NET">ASP.NET</td>
            <td> </td>
        </tr>
        <tr>
            <td> </td>
            <td><input type="submit" name="confirm" value="请投票"></td>
            <td> </td>
        <tr>
    </table>
    </form>
```
```php
<?php
    $votefile="voteresult.txt";
    if(!file_exists($votefile)){
        $handle=fopen($votefile,"w+");
        fwrite($handle,"0|0|0|0");
        fclose($handle);
    }
    if(isset($_POST['confirm'])){
        if(isset($_POST['vote'])){
            $vote=$_POST['vote'];
            $handle=fopen($votefile,"r+");
            $votestr=fread($handle,filesize($votefile));
            fclose($handle);
            $votearray=explode("|",$votestr);
            echo "<h3>投票完毕</h3>";
            //if（$vote=="PHP"）
            //   $votearray[0]++;
            switch($vote)
            {
                case "PHP":
                    $votearray[0]++;
                    break;
                case "ASP":
                    $votearray[1]++;
                    break;
                case "JSP":
                    $votearray[2]++;
                    break;
                case "ASP.NET":
                    $votearray[3]++;
                    break;
                default:
                    break;
            }
            echo "<br>";
            $techarray=array("PHP","ASP","JSP","ASP.NET");
            $totalvote=0;
            for($i=0;$i<count($votearray);$i++)
            {
```

```
                echo "<font size='2' color='blue'>目前".$techarray[$i]."的投票数是
".$votearray[$i]."</font><br>";
                //echo "的投票数是".$votearray[i]."<br>";
                $totalvote=(int)$totalvote+$votearray[$i];
            }
            echo "<font size='2' color='red'>总投票数是".$totalvote."</font><br>";
            $votestr2=implode("|",$votearray);
            $handle=fopen($votefile,"w+");
            fwrite($handle,$votestr2);
            fclose($handle);
        }
        else
        {
            echo "<script>alert('未选择投票选项');</script>";
        }
    }
?>
</body>
</html>
```

（5）日期数据的操作

实验任务：设计一个 PHP 网页 te3_5.php，由用户输入自己的生日，让系统帮助计算出年龄和出生日期是星期几。

编程示例：

```
<html>
<head>
<title>PHP日期函数练习</title>
<meta http-equiv="Content-Type" content="text/html; charset=gb2312">
</head>
<body>
<h1>PHP日期函数练习</h1>
    <form action="" method="post">
    <table width="80%" border="0">
      <tr>
          <td width="15%">请输入自己的生日</td>
        <td width="25%">
            <input type="text" name="year" size="4">年
            <input type="text" name="month" size="2">月
            <input type="text" name="day" size="2">日
        </td>
        <td width="60%"><input type="submit" name="confirm" value="确定"></td>
      </tr>
      <tr>
          <td> </td>
          <td> </td>
          <td> </td>
      <tr>
        <tr>
            <td>结果是  </td>
            <td>
```

```php
<?php
    date_default_timezone_set('PRC');
    if(isset($_POST['confirm']))
    {
        $year=$_POST['year'];
        $month=$_POST['month'];
        $day=$_POST['day'];
        if(@checkdate($month,$day,$year))
        {
            echo "今天是".date('Y-m-d')."<br>";
            echo "您的大致年龄是： ".(date('Y',time())-$year)."岁<br>";
            $newtime=mktime(0,0,0,date("m"),date("j"),date("Y"));
            $oldtime=mktime(0,0,0,$month,$day,$year);
            $days=($newtime-$oldtime)/(24*3600);
            echo "您的出生天数是:".$days."天<br>";
            $days=(float)($newtime-$oldtime)/(24*3600*(365*3+366))*4;
            echo "您的精确年龄是:".$days."岁<br>";
            //得出生日期为星期几
            $array=getdate(strtotime("$year-$month-$day"));
            echo "出生时是".$array['weekday'];
        }
        else
        {
            echo "<script>alert('无效的日期');</script>";
        }
    }
?>
            </td>
        <tr>
    </table>
    </form>
</body>
</html>
```

实验 4　PHP 和 Web 交互

1．实验目的

掌握使用 PHP 编写交互网站所需要的方法：包括接收表单数据和使用会话等。

2．实验内容

1）接收表单数据。
2）页面调转。
3）使用会话。

3．实验准备

1）了解 Web 接收表单数据的方法。
2）了解会话技术。
3）了解页面的跳转。

4．实验步骤

实验任务：编写一个小型 Web 网站项目，由用户登录后投票，若登录不成功，则返回到登录页面，若登录成功则进入投票页面。若该用户名已投过票，则新投的票无效，并给出提示。投票内容和投票记录表和实验三中的 te3_4.php 一样。用户名和密码表保存在一个文本文件 te4_user.txt 中，格式是一对用户名|密码占一行。已投票用户单独使用一个文件，一个用户名一行。

说明该 web 项目所使用的主要技术包括表单数据读取、网站登录验证、强制跳转、会话技术、文件读取等。

编程示例：

1）登录页面 te4_login.php。

```
<html>
<head>
<title>PHPWeb技术练习</title>
<meta http-equiv="Content-Type" content="text/html; charset=gb2312">
</head>
<body>
<h1>PHPWeb技术练习</h1>
    <form action="te4_check.php" method="post">
    <table width="80%" border="0">
      <tr>
        <td width="10%"> 用户名： </td>
          <td width="80%">
            <input type="text" name="userid" size="20" value="">
          </td>
      <tr>
      <tr>
        <td> 密码</td>
        <td><input type="password" name="pwd" size="20"   value=""></td>
      <tr>
        <td> </td>
        <td><input type="submit" name="submit" value="登录"></td>
      <tr>
      <tr>
        <td> </td>
        <td> </td>
      <tr>
    </table>
    </form>
</body>
</html>
```

2）登录验证 te4_check.php。

```
<?php
    $username=$_POST['userid'];
    $password=$_POST['pwd'];
    //$spel=$_POST['spel'];
function loaduser()
```

```php
    {
        $user_array=array();
        $filename="te4_user.txt";
        $fp=fopen($filename,"r");
        $i=0;
        while($line=fgets($fp,1024))
        {
            list($user,$pwd)=explode("|",$line);    //从文件的行中，把数据项分开，并借助数组，赋值给两个变量

            $user=trim($user);
            $pwd=trim($pwd);
            $user_array[$i]=array($user,$pwd);      //一对用户名和密码，成为二维数组的一行，为下面的匹配做准备

            $i++;
        }
        fclose($fp);
        return $user_array;
    }

    $user_array=loaduser();
    if($username)
    {
        //判断用户输入的用户名和密码是否正确
        if(!in_array(array($username,$password),$user_array))
        {
            echo "<script>alert('用户名或密码错误'); location='te4_login.php';</script>";
        }
        else
        {
            foreach($user_array as $value)
            {
                list($user,$pwd)=$value;
                if($user==$username&&$pwd==$password)
                {
                    session_start();
                    $_SESSION['userid']=$username;
                    $_SESSION['PASS']="OK";
                    echo "<div>您的用户名为".$user."</div>";
                    echo "<a href='te4_add.php'>数据管理</a>";
                }
            }
        }
    }
    else
    {
        echo "您没有登录，无权访问本页";
    }
?>
```

3）投票处理 te4_add.php。

```php
<?php
    session_start();
    $passport=@$_SESSION["PASS"];
    if($passport!="OK") header("location:te4_login.php");
    $userid=(string)$_SESSION["userid"]
?>
<html>
<head>
<title>PHP文件操作练习</title>
<meta http-equiv="Content-Type" content="text/html; charset=gb2312">
</head>
<body>
    <form action="" method="post">
    <table width="80%" border="0">
      <tr>
        <td width="10%"> </td>
        <td width="50%">
            <font size="4"><b>欢迎<font color='blue'><?php echo @$_SESSION["userid"]?></font>参加投票</b></font>
        </td>
        <td width="40%"> </td>
      </tr>
      <tr>
        <td></td>
        <td> </td>
        <td></td>
      </tr>
      <tr>
        <td width="10%"> </td>
        <td width="50%">
            <font size="3"><b>当今最流行的Web开发技术是</b></font>
        </td>
        <td width="40%"> </td>
      </tr>
      <tr>
        <td> </td>
        <td><input type="radio" name="vote" value="PHP">PHP</td>
        <td> </td>
      </tr>
      <tr>
        <td> </td>
        <td><input type="radio" name="vote" value="ASP">ASP</td>
        <td> </td>
      </tr>
      <tr>
        <td> </td>
        <td><input type="radio" name="vote" value="JSP">JSP</td>
        <td> </td>
      </tr>
      <tr>
```

```php
            <td> </td>
            <td><input type="radio" name="vote" value="ASP.NET">ASP.NET</td>
            <td> </td>
        </tr>
        <tr>
            <td> </td>
            <td><input type="submit" name="confirm" value="请投票"></td>
            <td> </td>
        <tr>
    </table>
    </form>
<?php
    $voterfile="voter.txt";
    if(!file_exists($voterfile))
    {
        $voterhandle=fopen($voterfile,"w+");
        fwrite($voterhandle,"");
        fclose($voterhandle);
    }
    else{
        $line=file("voter.txt");     //把投票文件的记录读入到$line数组中
        $if_vote=false;
        echo "<br>";
        $i=0;
        foreach($line as $value){
            //echo $i." ".$value."-----";
            if(strcasecmp($value,$userid)==2)
            {
                echo "<script>alert('您已经参与过投票,不能重复投票了！');</script>";
                $if_vote=true;
            }
            $i++;
        }
    }
?>
<?php
    $votefile="voteresult.txt";
    if(!file_exists($votefile)){
        $handle=fopen($votefile,"w+");
        fwrite($handle,"0|0|0|0");
        fclose($handle);
    }
    if($if_vote==false)
    {
        //若未投过票
        if(isset($_POST['confirm']))
        {
    if(isset($_POST['vote'])){
        $vote=$_POST['vote'];
        $handle=fopen($votefile,"r+");
```

```php
$votestr=fread($handle,filesize($votefile));
fclose($handle);
$votearray=explode("|",$votestr);
echo "<h3>投票完毕</h3>";
//if（$vote=="PHP"）
//    $votearray[0]++;
//
switch($vote)
{
    case "PHP":
        $votearray[0]++;
        break;
    case "ASP":
        $votearray[1]++;
        break;
    case "JSP":
        $votearray[2]++;
        break;
    case "ASP.NET":
        $votearray[3]++;
        break;
    default:
        break;
}
echo "<br>";
$techarray=array("PHP","ASP","JSP","ASP.NET");
$totalvote=0;
for($i=0;$i<count($votearray);$i++)
{
    echo "<font size='2' color='blue'>目前".$techarray[$i]."的投票数是".$votearray[$i]."</font><br>";
    //echo "的投票数是".$votearray[i]."<br>";
    $totalvote=(int)$totalvote+$votearray[$i];
}
echo "<font size='2' color='red'>总投票数是".$totalvote."</font><br>";
//记录投票数
$votestr2=implode("|",$votearray);
$handle=fopen($votefile,"w+");
fwrite($handle,$votestr2);
fclose($handle);
$handle=null;
//记录投票用户
if(!$if_vote){
    //$voterfile="voter.txt";
    $voterhandle=fopen($voterfile,"a");
    fwrite($voterhandle,$userid,strlen($userid));
    fwrite($voterhandle,"\n\r",2);
    fclose($voterhandle);
}
$if_vote=false;
```

```
            }
            else
            {
                echo "<script>alert('未选择投票选项');</script>";
            }
        }
    }
    else{
        //若已经投过票
    }
?>
</body>
</html>
```

实验 5 PHP 和数据库

1. 实验目的
掌握 PHP 连接和操作数据库的方法。

2. 实验内容
用 PHP 连接和操作 MySQL 的方法。

3. 实验准备
1）掌握 MySQL 数据库、数据表以及记录的手工管理操作方法。
2）掌握 PHP 连接数据库的方法。
3）事先把数据库 test、数据表 student 建好，并填写 student 中的记录。

4. 实验步骤
实验任务：编写一个 PHP 页面，能够按照学号、姓名、院系查询 MySQL 数据库 test 中 student 表里的记录数，将结果分页显示，每页显示 15 条记录。student 表结构如下所示。

字 段 名	数据类型	是否允许为空	描 述	备 注
S_id	varchar	否	学号	主键
S_student	varchar	是	姓名	
department	varchar	是	院系	

编程示例：
```
<?php
    $Number=@$_GET['s_id'];
    $Name=@$_GET['s_name'];
    $Depart=@$_GET['department'];

?>
<html>
<head>
```

```html
<title>PHP数据库练习</title>
<meta http-equiv="Content-Type" content="text/html; charset=gb2312">
</head>
<body>
<h1>PHP数据库练习</h1>
    <form action="" method="get">
    <table width="80%" border="0">
      <tr>
        <td width="20%"><font size="2">学号</font></td>
        <td width="20%"><font size="2">姓名</font></td>
        <td width="20%"><font size="2">院系</font></td>
        <td width="40%">操作</td>
      <tr>
      <tr>
        <td><input type="text" name="s_id" size="20" value=""></td>
        <td><input type="text" name="s_name" size="20"    value=""></td>
        <td><select name="department">
             <option value="所有部门">所有部门</option>
             <?php
                $conn=mysql_connect('localhost','root','') or die("连接失败<br>");
           mysql_select_db('test',$conn) or die("连接数据库失败<br>");
            //mysql_query("set names 'gb2312'");
            $sql="select distinct department from student";
            $result=mysql_query($sql);
              while($row=mysql_fetch_array($result))
             {
               $dep=$row['department'];
               echo "<option value='$dep'>$dep</option>";
             }
               ?>
             </select>
        </td>
           <td><input type="submit" name="confirm" size="20"    value="查询"></td>
     <tr>
     <tr>
        <td> </td>
        <td></td>
     <tr>
       <tr>
          <td>查询结果是 </td>
          <td>
             </td>
     <tr>
</table>
</form>
<table width="80%" border="0">
   <tr>
       <td width="20%"><font size="2">学号</font></td>
       <td width="20%"><font size="2">姓名</font></td>
       <td width="30%"><font size="2">院系</font></td>
```

```php
        <td width="20%"> </td>
    </tr>
<?php
function getsql($Num,$Na,$Dep)
{
        $sql="select * from student where ";
        $note=0;
        if($Num){
                $sql.="s_id like '%$Num%'";
                $note=1;
        }
        if($Na){
                if($note==1)
                        $sql.=" and s_name like '%$Na%'";
                else
                $sql.=" s_name like '%$Na%'";
                $note=1;
        }
        if($Dep&&($Dep!="所有部门"))
        {
                if($note==1)
                        $sql.= " and department like '%$Dep%'";
                else
                        $sql.= " department like '%$Dep%'";
                $note=1;
        }
        if($note==0)
        {
                $sql="select * from student";
        }
        return $sql;
}
$conn=mysql_connect('localhost','root','123456') or die("连接失败<br>");
mysql_select_db('test',$conn) or die("连接数据库失败<br>");
$sql="select * from student";
//echo $sql."<br>";
$sql=getsql($Number,$Name,$Depart);
//echo $sql."<br>";
mysql_query("set NAMES gb2312");
$result=mysql_query($sql);
$total=mysql_num_rows($result);
$num=15;//每页显示15条记录
$page=isset($_GET['page'])?$_GET['page']:1;
$pagenum=ceil($total/$num);
$page=min($pagenum,$page);
$prepg=$page-1;
$nextpg=($page==$pagenum?0:$page+1);
$new_sql=$sql." limit ".($page-1)*$num.",".$num;
//echo $new_sql."<br>";
$new_result=mysql_query($new_sql);
```

```php
        if($new_row=mysql_fetch_array($new_result))
        {
            echo "<tr>";
             echo"<td>". $new_row['s_id']."</td>";
             echo"<td>". $new_row['s_name']."</td>";
             echo"<td>". $new_row['department']."</td>";
             echo "<td></td>";
            echo "</tr>";
             while($new_row=mysql_fetch_array($new_result))
             {
            echo "<tr>";
             echo"<td>". $new_row['s_id']."</td>";
             echo"<td>". $new_row['s_name']."</td>";
             echo"<td>". $new_row['department']."</td>";
             echo "<td></td>";
            echo "</tr>";
             }
        }
        else
        {
           echo "<script>alert('数据表中无记录');</script>";
        }
        ?>
        </table>
        <?php
          echo "<br>";
            $pagenav="";
            if($prepg){
              $pagenav.="<a href='ex6_2.php?page=$prepg&Number=$Number&Name=$Name&Depart=$Depart'>上一页</a> ";

            }
            for($i=1;$i<=$pagenum;$i++)
            {
                if($page==$i)   { $pagenav.=$i."";   }
              else
                {
                    $pagenav.=" <a href='ex6_2.php?page=$i&Number=$Number&Name=$Name&Depart=$Depart'>[$i]</a> ";
                }
            }
            if($nextpg>0){
                $pagenav.=" <a href='ex6_2.php?page=$nextpg&Number=$Number'>下一页</a> "; }
            $pagenav.=" 共（".$pagenum."）页";
            echo "<div align='center'>".$pagenav."</div>";
        ?>
    </body>
</html>
```

实验 6 PHP 和 AJAX 技术

1．实验目的

1）掌握 AJAX 的工作原理。
2）掌握 PHP 中实现 AJAX 的过程和方法。

2．实验内容

由用户指定查询条件，使用 AJAX 技术，在 PHP 网页中实现数据库查询操作代码部分的响应刷新。

3．实验准备

1）掌握 JavaScript 动态脚本语言。
2）了解 AJAX 的工作原理。
3）了解 AJAX 初始化的方法。
4）了解 PHP 与 AJAX 的交互方法。

4．实验步骤

实验任务：设计一个使用 AJAX 技术的 PHP 页面 te6_1.php，上面提供一个院系查询选项表，当用户改变该选项表中的选项时，在页面下方相应显示出院系和所指定数值的全部学生（即在 PHP 网页中实现数据库查询操作代码部分的响应刷新）。响应代码放在页面 te6_2.php 中。

说明：可仍然使用实验五中所用的 test 数据库和其中的 student 表。

编程示例：

1）te6_1.php。

```
<html>
<head>
<title>Ajax实验</title>
<script>
//初始化函数
function GetXmlHttpObject()
{
    var XMLHttp=null;
    try{
        XMLHttp=new XMLHttpRequest();
    }
    catch(e)
    {
        try{
            XMLHttp=new ActiveXObject("Msxml2.XMLHTTP");
        }
        catch(e)
        {
            XMLHttp=new ActiveXObject("Microsoft.XMLHTTP");
        }
    }
```

```
            return XMLHttp;
}
//下面为查询选项表中选项变动时所触发的函数
function run()
{
        XMLHttp=GetXmlHttpObject();
        var Depart=document.getElementById("dep").value;
        var url="te6_2.php";
        url=url+"?depart="+Depart;
        //url=url+"&sid="+Math.random();
        XMLHttp.open("GET",url,true);
        XMLHttp.send(null);
        XMLHttp.onreadystatechange=function()
        {
            if(XMLHttp.readyState==4&&XMLHttp.status==200){
                document.getElementById("innnercode").innerHTML=XMLHttp.responseText;
            }
        }
}
</script>
</head>
<body>
<form action="" method="get">
   <table   border="0" width="80%" border="0">
      <tr>
         <td width="10%"> </td>
         <td width="20%">请指定院系</td>
         <td width="30%">
           <select name="dep" onchange="run()">
            <option>请选择</option>
            <?php
               $conn=mysql_connect('localhost','root','123456') or die("连接失败<br>");
              mysql_select_db('test',$conn) or die("连接数据库失败<br>");
               //mysql_query("set names 'gb2312'");
               $sql="select distinct department from student";
               $result=mysql_query($sql);
                while($row=mysql_fetch_array($result))
                {
                  $dep=$row['department'];
                  echo "<option value='$dep'>$dep</option>";
                }
             ?>
           </select>
         </td>
         <td width="40%"></td>
      </tr>
   </table>
</form>
<br>
 <div id="innnercode"></div>
```

```
<br>
</body>
</html>
```

2) te6_2.php。

```php
<?php
    header("Content-Type:text/html;charset=gb2312");
    $depart=$_GET['depart'];
    echo "<table border='1' width='80%' border='0'>";
    echo "    <tr>";
    echo "<td width='20%'><font size='2'>学号</font></td>";
    echo "<td width='30%'><font size='2'>姓名</font></td>";
    echo "<td width='30%'><font size='2'>院系</font></td>";
    echo "<td width='20%'> </td>";
    echo "<tr>";
    $conn=mysql_connect('localhost','root','123456') or die("连接失败<br>");
    mysql_select_db('test',$conn) or die("连接数据库失败<br>");
    mysql_query("set NAMES gb2312");
    $sql="select * from student where department='".$depart."'";
    $result=mysql_query($sql);
    while($row=mysql_fetch_array($result))
    {
        echo "  <tr>";
        echo "<td>".$row['s_id']."</td>";
        echo "<td>".$row['s_name']."</td>";
        echo "<td>".$row['department']."</td>";
        echo "<td></td>";
    echo "  </tr>";
        }
    echo    "</table>";
?>
```

附录 B 常见 PHP 考题

一、选择题

1. 以下属于 B/S 构架的是（   ）。
   A．需要安装客户端的软件
   B．不需要安装就可以使用的软件
   C．依托浏览器的网络系统
   D．依托 outlook 等软件的邮件系统
2. （多选）在 PHP 中，单引号和双引号所包围的字符串之间的区别是（   ）。
   A．单引号速度快，双引号速度慢
   B．双引号速度快，单引号速度慢
   C．两者没有速度差别
   D．双引号解析其中以$开头的变量，而单引号不解析
3. 下列函数中不是合法的 SQL 归类函数的是（   ）。
   A．AVG   B．SUM   C．MIN   D．MAX
   E．CURRENT_DATE
4. 若 y 和 x 为 int 型变量，则执行以下语句后，y 的值为（   ）。

```
x=1;
++x;
y = x++;
```

   A．1   B．2   C．3   D．0
5. 以下代码执行结果为（   ）。

```
<? $num="24linux"+6;
echo $num;
?>
```

   A．30   B．24linux6   C．6   D．30linux
6. PHP 所属的语言类型是（   ）。
   A．编译型   B．解释型   C．两者都是   D．两者都不是
7. 下列描述中正确的是（   ）。
   A．JavaScript 是一种编译型语言
   B．JavaScript 是一种基于对象和事件驱动的编程语言
   C．JavaScript 中变量声明采用强定义类型
   D．JavaScript 采用静态联编
8. 要想在网页中输出"<"的正确方法是（   ）。
   A．&   B．<   C．>   D．"
9. 创建一个滚动菜单的 HTML 代码是（   ）。
   A．<form>…</form>
   B．<select multiple name="NAME" size=?></select>
   C．<option>
   D．<select name="NAME">…</select>

10. 以下代码的运行结果是（   ）。
```
<?php
$A = "PHPlinux";
$B = "PHPLinux";
$C = strstr($A, "L");
$D = stristr($B, "l");
echo $C . " is " . $D;
?>
```
    A．PHP is Linux   B．is Linux
    C．PHP is inux   D．PHP is

11. 以下代码运行结果为（   ）。
```
<?php
$first = "This course is very easy ! ";
$second = explode(" ",$first);
$first = implode(", ", $second);
echo $first;
?>
```
    A．This, course, is, very, easy,!   B．This course is very easy !
    C．This course is very easy !,   D．提示错误

12. 以下关于 CSS 的表达中错误的是（   ）。
    A．可以将 CSS 的代码保存在其他文件中，在需要时调用，比如<link href="text/text.css" rel="stylesheet"type="text/css">
    B．可以把 CSS 的代码直接写在 HTML 中，比如<style type="text/css"><!–.类名{属性…}–></style>
    C．级联式样式列表，控制 HTML 标签属性
    D．Internet Explorer 4 中支持 CSS 的所有分级属性

13. 下列关于 Session 和 Cookie 的区别的说法中，错误的是（   ）。
    A．Session 和 Cookie 都可以记录数据状态
    B．在设置 Session 和 Cookie 之前不能有输出
    C．在使用 Cookie 前要使用 cookie_start()函数初始化
    D．Cookie 是客户端技术，Session 是服务器端技术

14. 以下关于修改配置的说法中，错误的是（   ）。
    A．使用 set_magic_quotes_runtime()函数可以修改页面过期时间
    B．PHP 的配置文件选项存放在 php.ini 文件中
    C．如果在 Linux 下修改了 php.ini 文件则需要重启 apache 服务
    D．默认网页过期时间是 30 秒

15. Cookie 的最大长度是（   ）。
    A．1KB   B．2KB   C．3KB   D．4KB

16. 假设服务器中有一文件 data，属性为可读写，内容如下，则执行该代码后 data 文件的内容为（   ）。

Hello
php
Hellolinux

```php
<?php
$filename = "data";
$fopen = fopen($filename, "w+");
fwrite($fopen, "Hello World");
?>
```

  A．Hello   B．Hello World
  C．Hello php Hellolinux   D．空

17．mysql_connect()与@mysql_connect()的区别是（   ）。
  A．@mysql_connect()不会忽略错误，将错误显示到客户端
  B．mysql_connect()不会忽略错误，将错误显示到客户端
  C．没有区别
  D．功能不同的两个函数

18．下列说法正确的是（   ）。
  A．数组的下标必须为数字，且从 0 开始
  B．数组的下标可以是字符串
  C．数组中的元素类型必须一致
  D．数组的下标必须是连续的

19．下述数据库关闭指令代码所关闭的连接标识是（   ）。

```php
<?php
$link1 = mysql_connect("localhost","root","  ");
$link2 = mysql_connect("localhost","root","  ");
mysql_close();
?>
```

  A．$link1   B．$link2   C．全部关闭   D．报错

20．下列函数中，用于分析表头且必须传入$result 查询结果变量的是（   ）。
  A．mysql_fetch_field()   B．mysql_fetch_row()
  C．mysql_fetch_colum()   D．mysql_fetch_variable()

21．取得搜索语句的结果集中的记录总数的函数是（   ）。
  A．mysql_fetch_row   B．mysql_rowid
  C．mysql_num_rows   D．mysql_fetch_array

22．下列关于 mysql_fetch_object 说法中，正确的是（   ）。
  A．mysql_fetch_object 和 mysql_fetch_array 一样，没什么区别
  B．mysql_fetch_object 的返回值是个对象，所以在速度上比 mysql_fetch_array 要慢
  C．mysql_fetch_object 的返回值是个数组，所以在速度上和 mysql_fetch_array 及 mysql_fetch_row 差不多
  D．mysql_fetch_object 的返回值是个对象，在速度上和 mysql_fetch_array 及 mysql_fetch_row 差不多

23．下列各项描述中，错误的是（   ）。
  A．父类的构造函数与析构函数不会自动被调用
  B．成员变量如果用 public protected private 修饰，则在定义变量时不再需要 var 关键字
  C．父类中定义的静态成员，不可以在子类中直接调用

D．包含抽象方法的类必须为抽象类，抽象类不能被实例化
24．下列关于 exit()函数与 die()函数的说法中，正确的是（　　）。
   A．执行 exit()函数时会停止执行下面的脚本，而 die()函数无法做到
   B．执行 die()函数时会停止执行下面的脚本，而 exit()函数无法做到
   C．die()函数等价于 exit()函数
   D．die()函数与 exit()函数没有直接关系
25．下面程序的运行结果是（　　）。

```
<?php
$nextWeek = time() + (7 * 24 * 60 * 60);
echo 'Now: '. date('Y-m-d') . "\\n";
echo 'Next Week: '. date('Y-m-d', $nextWeek) . "\\n";
?>
```

   A．得到今天的日期（月-日）
   B．得到今天的日期（年-月-日）与下周的日期（年-月-日）
   C．得到现在的时间（小时-分-秒）
   D．得到现在到下周的时间间隔
26．以下代码执行结果为（　　）。

```
<?php
function print_A(){
$A = "phpchina";
echo "A 值为: ".$A."";
//return ($A);
}
$B = print_A();
echo "B 值为: ".$B."";
?>
```

   A．A 值为"：phpchina"，B 值为"：phpchina"
   B．A 值为"："，B 值为"：phpchina"
   C．A 值为"："，B 值为"："
   D．A 值为"：phpchina"，B 值为"："
27．以下代码的执行结果为（　　）。

```
<?php
$A="Hello";
function print_A()
{
$A = "php mysql !!";
global $A;
echo $A;
}
echo $A;
print_A();
?>
```

   A．Hello　　B．php mysql !!　　C．Hello Hello　　D．Hello php mysql
28．在声明.xml 文件时，表示该文件是个独立文件，且没有使用外部的 DTD 的属性是（　　）。

A. version　　　B. encoding　　　C. standalone　　　D. schema

29. 修改 MySQL 用户 root 的密码的指令是（　　）。

A. mysqladmin -u root password test

B. mysql -u root password test

C. mysql -u root -p test

D. mysql -u root -password test

30. 设有一个数据库 mydb 中有一个表 tb1，表中有 6 个字段，主键为 ID，有 10 条记录，ID 从 0 到 9，则以下代码输出的结果是（　　）。

```
<?php
$link = mysql_connect('localhost', 'user', 'password')
or die('Could not connect: '.mysql_error());
$result = mysql_query("SELECT id, name, age FROM mydb.tb1 WHERE id <'5'")
or die('Could not query: '.mysql_error());
echo mysql_num_fields($result);
mysql_close($link);
?>?
```

A. 6　　　B. 5　　　C. 4　　　D. 3

31. 下面代码的输出结果是（　　）。

```
<?php
$s = '12345';
$s[$s[1]] = '2';
echo $s;
?>
```

A. 12345　　　B. 12245　　　C. 22345　　　D. 11345

E. array

32. 仔细阅读下面列出的表单和 PHP 代码。当在表单里面的两个文本框中分别输入"php"和"great"时，PHP 将在页面中打印出的结果是（　　）。

```
<form action="index.php" method="post">
<input type="text" name="element[]">
<input type="text" name="element[]">
</form>
<?php
echo $_GET['element'];
?>
```

A. Nothing　　　B. Array　　　C. A notice　　　D. phpgreat

E. greatphp

33.（多选）以下关于 key()函数和 current()函数的叙述中，正确的是（　　）。

A. key()函数用来读取目前指针所指向资料的索引值

B. key()函数是取得目前指针位置的内容资料

C. current()函数用来读取目前指针所指向资料的索引值

D. current()函数是取得目前指针位置的内容资料

34. 在用浏览器查看网页时出现 404 错误，可能的原因是（　　）。

A. 页面源代码错误

B. 文件不存在

C. 与数据库连接错误
D. 权限不足

35. 在<table>标签的属性中，cellspacing 和 cellpadding 分别代表（　　）。
    A. 表格边宽和表格间距离
    B. 表格间距离和表格边宽
    C. 表格单元格留白和单元格间距离
    D. 表格边宽和表格单元格留白

二、问答题

1. 试编写 PHP 代码，打印出前一天的时间，格式如 "2006-5-10 22:21:21"。
2. 能够使 HTML 和 PHP 分离开使用的模板都有哪些？
3. 在 PHP 中，可以使用哪些工具进行版本控制？
4. 简述如何实现字符串翻转？
5. 简述优化 MySQL 数据库的方法都有哪些？
6. 简述事务处理的方法？
7. 简述实现中文字串截取无乱码的方法。
8. 简述 echo()函数、print()函数以及 print_r()函数的区别。
9. 在 PHP 中，当前脚本的名称（不包括路径和查询字符串）记录在哪个预定义变量中；链接到当前页面的 URL 被记录在哪个预定义变量中？
10. 执行程序段<?php echo 8%(-2) ?>后的输出结果是什么？
11. 在 HTTP 1.0 中，状态码 401 的含义是什么；如果返回 "找不到文件" 的提示，则可用 header()函数，其语句是什么？
12. 以 Apache 模块的方式安装 PHP，在文件 http.conf 中首先要用哪条语句动态装载 PHP 模块；然后再用哪条语句使得 Apache 把所有扩展名为.php 的文件都作为 PHP 脚本处理。

参 考 文 献

[1] 明日科技．PHP 程序开发范例宝典[M]．北京：人民邮电出版社，2007．
[2] 姜林美．PHP 网络编程典型模块与实例精讲[M]．北京：电子工业出版社，2007．
[3] 明日科技．PHP 模块与项目实战大全[M]．北京：电子工业出版社，2012．
[4] 陈营辉．PHP 从入门到精通[M]．2 版．北京：化学工业出版社，2011．
[5] 张昆．轻松学 PHP[M]．北京：电子工业出版社，2013．
[6] 安博教育集团．动态网站设计与维护（PHP+MySQL）[M]．北京：电子工业出版社，2012．
[7] 赵增敏．PHP 动态网站开发[M]．北京：电子工业出版社，2009．
[8] 白志强．21 天学通 PHP[M]．北京：电子工业出版社，2009．
[9] 叶子青．PHP 网络开发实用工程案例[M]．北京：人民邮电出版社，2008．
[10] 孔祥盛．PHP 编程基础与实例教程[M]．北京：人民邮电出版社，2011．
[11] WJason Gilmore．PHP 与 MySQL 程序设计[M]．3 版．北京：人民邮电出版社，2009．
[12] Dagfinn Reiersol．PHP 实战[M]．北京：人民邮电出版社，2010．
[13] 聂庆鹏．PHP+MySQL 动态网站开发与全程实例[M]．北京：清华大学出版社，2007．
[14] 张鑫．PHP 程序开发参考手册[M]．北京：机械工业出版社，2013．
[15] 姚坚．Linux 系统应用与开发[M]．南昌：江西高校出版社，2011．
[16] 丁月光．Web 开发的平民英雄：PHP+MySQL[M]．北京：电子工业出版社，2011．
[17] WJason Gilmore．PHP 与 MySQL 程序设计[M]．4 版．北京：人民邮电出版社，2011．
[18] 于荷云．PHP+MySQL 网站开发全程实例[M]．北京：清华大学出版社，2012．
[19] 潘凯华．PHP 开发实战 1200 例（第 1 卷）[M]．北京：清华大学出版社，2011．
[20] 潘凯华．PHP 从入门到精通[M]．北京：清华大学出版社，2010．
[21] 高洛峰．细说 PHP[M]．2 版．北京：电子工业出版社，2012．
[22] 潘凯华．PHP 学习线路图：PHP 典型模块精解[M]．北京：清华大学出版社，2012．